JN074788

はじめに

Excelは、やさしい操作性と優れた機能を兼ね備えた統合型表計算ソフトです。
本書は、Excelの関数を使いこなしたい方を対象に、ビジネスやプライベートなど
様々な場面で活用できる、基本的な関数の使い方を習得していただくことを目的としています。
持ち運びに便利なポケットサイズなので、通勤・通学途中や勤務中など、場所を選ばずに開いて学習することができます。
本書は、経験豊富なインストラクターが、日頃のノウハウをもとに作成しており、講習会や授業の教材としてご利用いただくほか、自己学習の教材としても最適なテキストとなっております。
本書を通して、Excelの関数の知識をより深め、実務にいかしていただければ幸いです。
なお、基本機能の習得には、次のテキストをご利用ください。

● Excel 2019をお使いの方
「よくわかる Microsoft Excel 2019 基礎」(FPT1813)
「よくわかる Microsoft Excel 2019 応用」(FPT1814)
● Excel 2016をお使いの方
「よくわかる Microsoft Excel 2016 基礎」(FPT1526)
「よくわかる Microsoft Excel 2016 応用」(FPT1527)
● Excel 2013をお使いの方
「よくわかる Microsoft Excel 2013 基礎」(FPT1517)
「よくわかる Microsoft Excel 2013 応用」(FPT1518)

2020年5月4日
FOM出版

目次

本書をご利用いただく前に

本書で学習を進める前に、ご一読ください。

1　本書の記述について

操作の説明のために使用している記号には、次のような意味があります。

記述	意味	例
☐	キーボード上のキーを示します。	[Ctrl] [Shift]
☐＋☐	複数のキーを押す操作を示します。	[Ctrl] + [🔟] ([Ctrl]を押しながら[🔟]を押す)
《　》	ダイアログボックス名やタブ名、項目名など画面の表示を示します。	《OK》をクリック
「　」	重要な語句や機能名、画面の表示、入力する文字列などを示します。	「=」を入力

使用例	操作の使用例	**2019**	Excel 2019の関数名や機能を記載
POINT	知っておくべき重要な内容	**2016**	Excel 2016の関数名や機能を記載
※	補足的な内容や注意すべき内容	**2013**	Excel 2013の関数名や機能を記載

2　製品名の記載について

本書では、次の名称を使用しています。

正式名称	本書で使用している名称
Microsoft Excel 2019	Excel 2019 または Excel
Microsoft Excel 2016	Excel 2016 または Excel
Microsoft Excel 2013	Excel 2013 または Excel

3 学習環境について

本書を学習するには、次のソフトウェアが必要です。

●Excel 2019 または Excel 2016 または Excel 2013

本書を開発した環境は、次のとおりです。
・アプリケーションソフト：Microsoft Office Professional Plus 2019
　　　　　　　　　　　　　　Microsoft Excel 2019（16.0.10343.20013）

※環境によっては、画面の表示が異なる場合や記載の機能が操作できない場合があります。

4 学習ファイルのダウンロードについて

本書で使用するファイルは、FOM出版のホームページで提供しています。
ダウンロードしてご利用ください。

ホームページ・アドレス

https://www.fom.fujitsu.com/goods/

ホームページ検索用キーワード

FOM出版

◆ダウンロード

学習ファイルをダウンロードする方法は、次のとおりです。

① ブラウザーを起動し、FOM出版のホームページを表示します。
※アドレスを直接入力するか、キーワードでホームページを検索します。

②《ダウンロード》をクリックします。

③《アプリケーション》の《Excel》をクリックします。

④《その他》をクリックします。

⑤《仕事に使える Excel 関数ブック 2019/2016/2013対応 FPT2001》をクリックします。

⑥「fpt2001.zip」をクリックします。

⑦ ダウンロードが完了したら、ブラウザーを終了します。
※ダウンロードしたファイルは、パソコン内のフォルダー《ダウンロード》に保存されます。

◆ダウンロードしたファイルの解凍

ダウンロードしたファイルは圧縮されているので、解凍（展開）します。
解凍が完了すると、フォルダー「仕事に使えるExcel関数ブック2019／2016／2013」が作成されます。
ダウンロードしたファイル「fpt2001.zip」を《ドキュメント》に解凍する方法は、次のとおりです。

① デスクトップ画面を表示します。
② タスクバーの《エクスプローラー》をクリックします。
③ 《ダウンロード》をクリックします。
④ ファイル「fpt2001」を右クリックします。
⑤ 《すべて展開》をクリックします。
⑥ 《参照》をクリックします。
⑦ 《ドキュメント》を指定します。
⑧ 《フォルダーの選択》をクリックします。
⑨ 《ファイルを下のフォルダーに展開する》が「C：¥Users¥（ユーザー名）¥Documents」に変更されます。
⑩ 《完了時に展開されたファイルを表示する》を ✓ にします。
⑪ 《展開》をクリックします。
⑫ ファイルが解凍され、フォルダー「仕事に使えるExcel関数ブック2019／2016／2013」が表示されていることを確認します。

※すべてのウィンドウを閉じておきましょう。

◆学習ファイルの一覧

フォルダー「仕事に使えるExcel関数ブック2019／2016／2013」には、学習ファイルが入っています。タスクバーの《エクスプローラー》→《PC》→《ドキュメント》をクリックし、一覧からフォルダーを開いて確認してください。

◆学習ファイルの場所

本書では、学習ファイルの場所を《ドキュメント》のフォルダー「**仕事に使える Excel関数ブック2019／2016／2013**」としています。《ドキュメント》以外の場所にコピーした場合は、フォルダーを読み替えてください。

◆学習ファイル利用時の注意事項

ダウンロードした学習ファイルを開く際、そのファイルが安全かどうかを確認するメッセージが表示される場合があります。学習ファイルは安全なので、《**編集を有効にする**》をクリックして、編集可能な状態にしてください。

> ⓘ 保護ビュー──注意──インターネットから入手したファイルは、ウイルスに感染している可能性があります。編集する必要がなければ、保護ビューのままにしておくことをお勧めします。　　　　　編集を有効にする(E)　✕

◆完成ファイル利用時の注意事項

Excel 2019の新しい関数をExcel 2016またはExcel 2013で開くと、関数名の前に「**_xlfn.**」が付いた状態で計算結果が表示されます。
セルの内容を編集すると、「**#NAME?**」のエラーに変わり、計算結果が表示されなくなるので注意してください。

| F8 | ▼ | : | × | ✓ | fx | =_xlfn.IFS(E8>=8000000,"A",E8>=6000000,"B",E8>=4000000,"C",TRUE,"D") |

	A	B	C	D	E	F	G	H	I	J
1		年間売上成績								
2		※売上合計で成績を評価する								
3		※売上合計が800万円以上であれば「A」、600万円以上であれば「B」、								
4		400万円以上であれば「C」、そうでなければ「D」を表示する								
5										
6						単位：千円				
7		氏名	上期売上	下期売上	売上合計	評価				
8		島田　由紀	3,800	4,000	7,800	B				
9		綾辻　秀人	1,550	2,600	4,150	C				

5　　本書の最新情報について

本書に関する最新のQ＆A情報や訂正情報、重要なお知らせなどについては、FOM出版のホームページでご確認ください。

ホームページ・アドレス

> https://www.fom.fujitsu.com/goods/

ホームページ検索用キーワード

> FOM出版

第**1**章

関数の基礎知識

1 関数とは

関数とは、Excelであらかじめ定義されている数式のことです。関数は目的に合わせて様々な種類があります。計算方法のわからない難しい計算も、目的に合った関数を使えば簡単に結果を求めることができます。

関数には、次のような決まりがあります。

```
= 関数名 (引数1, 引数2,・・・引数n)
❶   ❷              ❸
```

❶先頭に「=」を入力します。

「=」を入力することで、数式であることを示します。

❷関数名を入力します。

※関数名は半角の英字で入力します。大文字でも小文字でもかまいません。

❸引数を「( )(カッコ)」で囲み、各引数は「,(カンマ)」で区切ります。

引数には計算対象となる値またはセル、セル範囲、名前など、関数を実行するために必要な情報を入力します。

※関数によって、指定する引数は異なります。
※引数が不要な関数でも「( )」は必ず入力します。

👆POINT 関数と演算子を使った計算式の違い

Excelで計算を行う場合、「+」や「−」などの演算子を使う方法と関数を使う方法があります。演算子を使う場合は数式が長くなったり、セルの参照を間違えてしまったりすることがありますが、関数を使うと長い数式も簡単に入力できます。

> 例)
> セル【A1】からセル【A10】までの合計を求める場合
>
> ◆演算子を使う
> =A1+A2+A3+A4+A5+A6+A7+A8+A9+A10
>
> ◆関数を使う
> =SUM(A1:A10)

2 演算子とは

演算子とは、数値を足したり掛けたりする四則計算や、セルを参照するのに使う記号のことです。Excelでは、演算子を組み合わせて数式を作成します。演算子には、次のようなものがあります。

●算術演算子

演算記号	意味	例
＋（プラス）	加算	A1＋A2
－（マイナス）	減算	A2－A1
＊（アスタリスク）	乗算	A1＊A2
／（スラッシュ）	除算	A2/A1
％（パーセント）	パーセンテージ	5％
＾（ハットマークまたはキャレット）	べき算	A1^2（A1の2乗）

●比較演算子

演算記号	意味	例
＝（等号）	左辺と右辺が等しい	A1＝A2
＞（〜より大きい）	左辺が右辺より大きい	A1＞A2
＜（〜より小さい）	左辺が右辺より小さい	A1＜A2
＞＝（〜以上）	左辺が右辺以上である	A1＞＝A2
＜＝（〜以下）	左辺が右辺以下である	A1＜＝A2
＜＞（不等号）	左辺と右辺が等しくない	A1＜＞A2

●文字列演算子

演算記号	意味	例
＆（アンパサンド）	複数の文字列の連結	A1＆A2

● 参照演算子

演算記号	意味	例
,（カンマ）	隣接していない複数のセル指定	A1,A10 セル【A1】とセル【A10】が指定される。
:（コロン）	隣接している複数のセル指定	A1：A10 セル範囲【A1：A10】が指定される。
半角空白	複数の選択範囲のうち、重なり合う範囲を指定	A1：A5 A3：A10 セル範囲【A1：A5】とセル範囲【A3：A10】の選択範囲のうち、重なり合うセル範囲【A3：A5】が指定される。

3 関数の入力 −直接入力−

> **操作** 「=」を入力→関数を入力

関数を直接入力するには、セルまたは数式バーに入力します。入力中に、関数に必要な引数がポップヒントで表示されます。

①関数を入力するセルを選択し、「=」を入力
②「=」に続けて関数名と引数を入力

※ここでは、SUM関数を使い経費の予算合計を求めます。
※関数名の後ろに「(」を入力すると、引数の順番を示すポップヒントが表示されます。

③ Enter を押す
④セルに計算結果が表示される

POINT 数式オートコンプリート

「数式オートコンプリート」を使うと、関数を簡単に入力できます。入力ミスやエラーを防ぐのに役立ちます。

「=」に続けて英字を入力すると、その英字で始まる関数名が一覧で表示されます。関数名をクリックすると、ポップヒントに関数の説明が表示されます。一覧の関数名をダブルクリックするか[Tab]を押すと、関数名と「((カッコ)」が自動的に入力されます。

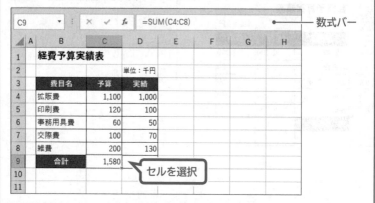

POINT 数式の確認

関数を入力すると、セルには計算結果が表示されます。関数を入力したセルを選択すると、数式バーで数式を確認できます。

C9			×	✓	fx	=SUM(C4:C8)		← 数式バー

▲	A	B	C	D	E	F	G	H
1		**経費予算実績表**						
2				単位：千円				
3		費目名	予算	実績				
4		拡販費	1,100	1,000				
5		印刷費	120	100				
6		事務用具費	60	50				
7		交際費	100	70				
8		雑費	200	130				
9		合計	1,580					
10								
11								

セルを選択

4 関数の入力-《関数の挿入》ダイアログボックス-

操作 数式バーの f_x (関数の挿入)

《関数の挿入》ダイアログボックスを使うと、一覧から目的の関数を選択して入力できます。関数を選択して入力するため入力ミスを防ぐことができます。

① 関数を入力するセルを選択し、f_x (関数の挿入) をクリック

※ここでは、SUM関数を使い経費の予算合計を求めます。

② 《関数の挿入》ダイアログボックスの《関数の分類》の $\vee$ をクリックし、一覧から目的の分類を選択

※《関数名》の一覧には、最近使用した関数が表示されます。
※SUM関数を表示するには、《数学/三角》を選択します。

③ 《関数名》の一覧から目的の関数を選択

※《関数名》の一覧は、アルファベット順に並んでいます。
※関数名の一覧をクリックして関数の先頭文字（SUMの場合はS）のキーを押すと、その文字で始まる関数にジャンプします。

④ 《OK》をクリック

⑤《**関数の引数**》ダイアログボックスに引数を指定

※ここでは、セル範囲【C4：C8】を指定します。

⑥《**OK**》をクリック

⑦セルに計算結果が表示される

	A	B	C	D	E
1		経費予算実績表			
2				単位：千円	
3		費目名	予算	実績	
4		拡販費	1,100	1,000	
5		印刷費	120	100	
6		事務用具費	60	50	
7		交際費	100	70	
8		雑費	200	130	
9		合計	1,580		
10					

C9 のセルに `=SUM(C4:C8)`

👆 POINT その他の方法（《関数の挿入》ダイアログボックスの表示）

◆《ホーム》タブ→《編集》グループの **Σ・**（合計）の **・**→《その他の関数》
◆《数式》タブ→《関数ライブラリ》グループの **fx**（関数の挿入）
◆《数式》タブ→《関数ライブラリ》グループの **Σ オート SUM ・**（合計）の **・**→《その他の関数》
◆ [Shift] + [F3]

👆 POINT Σ・（合計）

「SUM（合計）」「AVERAGE（平均）」「COUNT（数値の個数）」「MAX（最大値）」「MIN（最小値）」の各関数は、**Σ・**（合計）の **・** から選択することもできます。

5 関数の入力－関数ライブラリ－

《数式》タブの《関数ライブラリ》グループ

《数式》タブの《関数ライブラリ》グループには、分類ごとに関数がまとめられています。関数の分類のボタンをクリックして一覧から関数名をクリックすると、関数名やカッコが自動入力されます。

①関数を入力するセルを選択
②《数式》タブ→《関数ライブラリ》グループから関数の分類のボタンをクリックし、一覧から目的の関数を選択
※ここでは、COUNTA関数を使って勤務日数を求めます。

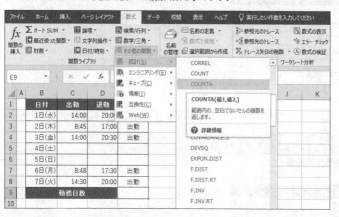

③《関数の引数》ダイアログボックスに引数を指定
※ここでは、セル範囲【E2：E8】を指定します。
④《OK》をクリック
⑤セルに計算結果が表示される

6 関数のコピー

関数が入力されているセルを選択→ドラッグ

隣接しているほかのセルに関数をコピーする場合、■（フィルハンドル）をドラッグして数式をコピーできます。

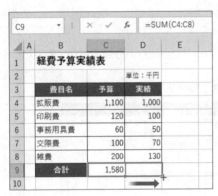

①数式が入力されているセルを選択

②セル右下の■（フィルハンドル）をポイントし、コピー先のセルまでドラッグ

※マウスポインターの形が╋に変わります。

③ドラッグした範囲に数式がコピーされる

POINT 隣接していないセルへのコピー

隣接していないセルに数式をコピーする場合、《ホーム》タブ→《クリップボード》グループの（コピー）と（貼り付け）を使います。

POINT セルの参照

数式や関数は、「=A1*A2」や「=SUM(A1:A2)」のようにセル参照を使って入力するのが一般的です。セルの参照には「相対参照」と「絶対参照」、それらを組み合わせた「複合参照」があり、数式をコピーする位置に応じて使い分けます。

●相対参照

「相対参照」は、セルの位置を相対的に参照する形式です。数式をコピーするとセルの参照は自動的に調整されます。図のように、セル【D2】に入力されている数式をセル【D3】にコピーすると、自動的にセルの参照が調整されます。

	A	B	C	D	
1		1月	2月	合計	
2	東京	300	350	650	=B2+C2
3	大阪	200	250	450	=B3+C3
4	名古屋	100	150	250	=B4+C4
5	合計	600	コピー	1,350	=B5+C5

●絶対参照

「絶対参照」は、特定の位置にあるセルを必ず参照する形式です。セルを絶対参照にするには「$」を付けます。図のように、セル【C2】の数式に入力されているセル【B5】を絶対参照にすると、数式をセル【C3】にコピーしてもセル【B5】の参照は固定されたまま調整されません。

	A	B	C	
1		1月	構成比	
2	東京	300	50%	=B2/$B$5
3	大阪	200	33%	=B3/$B$5
4	名古屋	100	17%	=B4/$B$5
5	合計	コピー	100%	=B5/$B$5

●複合参照

D$5または$D5のように、相対参照と絶対参照を組み合わせたセルの参照を「複合参照」といいます。数式をコピーすると、「$」を付けた行または列は固定で、「$」が付いていない列または行は自動調整されます。

	A	B	C	D	E	F	
1		定価	会員割引価格				=$B3*(1-D$2)
2			ゴールド	15%	シルバー	10%	
3	商品A	¥800		¥680		¥720	=$B3*(1-F$2)
4	商品B	¥750		¥638		¥675	=$B4*(1-D$2)
5	商品C	¥1,040		¥884		¥936	

POINT $の入力

「$」は直接入力してもかまいませんが、F4を使うと簡単に入力できます。
セルまたはセル範囲を選択後、F4を連続して押すと「$B$5」(行列ともに固定)、「B$5」
(行だけ固定)、「$B5」(列だけ固定)、「B5」(固定しない)の順番で切り替わります。

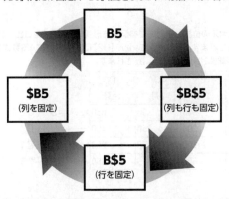

POINT 関数のネスト

関数の引数には、数値や文字列、セル参照のほかに、数式や関数を使うこともできます。
関数の中に関数を組み込むことを「関数のネスト」といいます。関数をネストすると、より複
雑な処理を行うことができます。関数のネストは64レベルまで設定できます。

例)
東京の1月と2月の平均が200以上であればA、そうでなければBと表示する場合

E2		× ✓ fx	=IF(AVERAGE(B2:C2)>=200,"A","B")			
	A	B	C	D	E	F	G
1		1月	2月	合計	評価		
2	東京	300	350	650	A		
3	大阪	200	250	450	A		
4	名古屋	100	150	250	B		
5							

IF関数の引数に、AVERAGE関数を指定する

7 シリアル値とは

シリアル値とは、Excelで日付や時刻の計算に使用される値のことです。1900年1月1日をシリアル値「1」として1日ごとに1加算します。「2020年1月1日」は「1900年1月1日」から43831日後になるので、シリアル値は「43831」になります。表示形式が日付の場合、数式バーには「2020/1/1」と表示されますが、セルの表示形式を《標準》に変更するとシリアル値が表示されます。

POINT 表示形式の変更

日付や時刻の関数を使用して求められる結果には、自動的に日付や時刻の表示形式が設定されます。
セルの表示形式を変更する方法は、次のとおりです。
◆セルを選択→《ホーム》タブ→《数値》グループの 🔲 (表示形式)→《表示形式》タブ→《分類》の一覧から選択

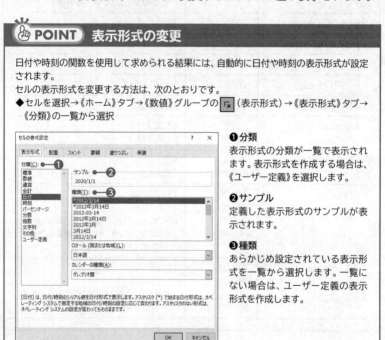

❶分類
表示形式の分類が一覧で表示されます。表示形式を作成する場合は、《ユーザー定義》を選択します。

❷サンプル
定義した表示形式のサンプルが表示されます。

❸種類
あらかじめ設定されている表示形式を一覧から選択します。一覧にない場合は、ユーザー定義の表示形式を作成します。

POINT その他の方法(表示形式の変更)

◆セルを右クリック→《セルの書式設定》
◆セルを選択→ [Ctrl] + [1]
※テンキーは使用できません。

設定する表示形式	入力するデータ	セルに表示される結果
yyyy/mm/dd	2020/1/1	2020/01/01
yy/mm/dd	2020/1/1	20/01/01
yy/mmmm	2020/1	20/January ※表示形式を設定せずにデータを入力すると「Jan-20」と表示されます。
yyyy/m/d dddd	2020/1/1	2020/1/1 Wednesday
yyyy/m/d (ddd)	2020/1/1	2020/1/1 (Wed)
yyyy"年"mm"月"dd"日"	2020/1/1	2020年01月01日
m"月"d"日"aaaa	2020/1/1	1月1日水曜日
m"月"d"日"(aaa)	2020/1/1	1月1日（水）
h:mm AM/PM	9:05 18:05	9:05 AM 6:05 PM
h"時"mm"分"	9:05 18:05	9時05分 18時05分
h:mm:ss	18:05 26:05	18:05:00 2:05:00 ※h,m,sは時刻を表示する形式のため、24時間、60分、60秒を越える表示はできません。
[h]:mm:ss	18:05 26:05	18:05:00 26:05:00 ※hを[ ]で囲むと24時間を越えた時間で表示できます。

第2章

数学/三角関数

1 範囲内の数値を合計する

関数 SUM（サム）

SUM関数を使うと、指定した範囲の数値の合計を求めることができます。
また、《**ホーム**》タブ→《**編集**》グループの （合計）を使うと、自動的にSUM
関数が入力され簡単に合計を求めることができます。

● SUM関数

= SUM（数値1, 数値2,・・・）
　　　　　❶

---

❶数値
合計を求めるセル範囲または数値を指定します。
※引数は最大255個まで指定できます。
※範囲内の文字列や空白セルは計算の対象になりません。

例1)
セル範囲【A1：A10】の合計を求める場合
=SUM(A1：A10)

例2)
セル範囲【A1：A10】、セル【A15】、100の合計を求める場合
=SUM(A1：A10,A15,100)

D12	▼	⋮	× ✓	f_x	=SUM(D4:D11)	

◢	A	B	C	D	E	F	G
1		店舗別商品販売実績					
2						単位：千円	
3		地区	店舗	2017年度	2018年度	2019年度	
4		関東	渋谷	88,735	91,871	95,238	
5			新宿	84,502	74,625	81,250	
6			八王子	78,044	71,238	76,384	
7			横浜	82,855	80,312	83,159	
8		関西	梅田	93,808	103,878	99,683	
9			なんば	82,602	92,436	92,816	
10			京都	9,859	10,789	11,359	
11			三宮	52,905	62,354	63,220	
12		合計		573,310	587,503	603,109	
13							

●セル【D12】に入力されている数式

=SUM(D4:D11)
　　　❶

❶合計を求めるセル範囲【D4：D11】を指定する。

2 条件を満たす数値を合計する

SUMIF（サムイフ）

SUMIF関数を使うと、指定した範囲内で条件を満たしているセルの合計を求めることができます。指定できる検索条件は1つだけです。例えば、売上表の中から商品コードごとの売上合計を求めるときなどに使うことができます。

●SUMIF関数

= SUMIF（範囲, 検索条件, 合計範囲）
　　　　　❶　　　❷　　　　❸

---

❶範囲
検索の対象となるセル範囲を指定します。

❷検索条件
検索条件を文字列またはセル、数値、数式で指定します。
※文字列を指定する場合は「"（ダブルクォーテーション）」で囲みます。
※条件にはワイルドカードが使えます。

❸合計範囲
合計を求めるセル範囲を指定します。
※範囲内の文字列や空白セルは計算の対象になりません。
※省略できます。省略すると❶範囲が対象になります。

使用例 •

J5	▼ :	× ✓	ƒx	=SUMIF(C2:C46,I5,G2:G46)					
▲ A	B	C	D	E	F	G	H	I	J
1	利用日	会員No.	氏名	金額	消費税	支払金額（税込）		消費税率	
2	2020/1/4	1007	野中　敏也	89,000	8,900	97,900		10%	
3	2020/1/4	1018	村瀬　稔彦	40,000	4,000	44,000			
4	2020/1/5	1019	草野　萌子	23,000	2,300	25,300		会員No.	支払金額（税込）
5	2020/1/5	1018	村瀬　稔彦	27,000	2,700	29,700		1002	290,400
6	2020/1/6	1021	近藤　真央	45,000	4,500	49,500			
7	2020/1/6	1022	坂井　早苗	15,000	1,500	16,500		1月度支払金額（税込）	
8	2020/1/6	1023	鈴木　保一	72,000	7,200	79,200		>=2020/1/1	
9	2020/1/8	1010	布施　友香	19,000	1,900	20,900		<=2020/1/31	
10	2020/1/10	1011	井戸　剛	45,000	4,500	49,500			
11	2020/1/11	1014	天野　真未	45,000	4,500	49,500			
12	2020/1/11	1008	山城　まり	36,000	3,600	39,600			
13	2020/1/12	1009	坂本　誠	26,000	2,600	28,600			
14	2020/1/13	1010	布施　友香	27,000	2,700	29,700			
15	2020/1/16	1001	大月　賢一郎	25,000	2,500	27,500			
16	2020/1/17	1002	佐々木　一美	46,000	4,600	50,600			
42	2020/2/27	1006	和田　光輝	25,000	2,500	27,500			
43	2020/2/28	1013	宍戸　真智子	17,000	1,700	18,700			
44	2020/2/28	1007	野中　敏也	86,000	8,600	94,600			
45	2020/2/28	1012	星　龍太郎	35,000	3,500	38,500			
46	2020/2/28	1008	山城　まり	38,000	3,800	41,800			
47									

●セル【J5】に入力されている数式

$$= SUMIF\ (\underset{❶}{C2:C46},\ \underset{❷}{I5},\ \underset{❸}{G2:G46})$$

❶検索の対象となるセル範囲【C2：C46】を指定する。
❷条件が入力されているセル【I5】を指定する。
❸条件を満たす場合に合計するセル範囲【G2：G46】を指定する。

👆 POINT　ワイルドカードを使った検索

あいまいな条件を設定する場合、「ワイルドカード」を使って条件を入力できます。
使用できるワイルドカードは、次のとおりです。

ワイルドカード	意味
?（疑問符）	同じ位置にある任意の1文字
＊（アスタリスク）	同じ位置にある任意の数の文字列

※通常の文字として「?」や「＊」を検索する場合は、「~?」のように「~（チルダ）」を付けます。

複数の条件を満たす数値を合計する

SUMIFS（サムイフス）

SUMIFS関数を使うと、複数の条件をすべて満たすセルの合計を求めることができます。SUMIF関数と引数の指定順序が異なります。

●**SUMIFS関数**

＝SUMIFS（合計対象範囲, 条件範囲1, 条件1, 条件範囲2, 条件2,･･･）

❶ ❷ ❸ ❹ ❺

---

❶合計対象範囲
複数の条件をすべて満たす場合に、合計するセル範囲を指定します。
※範囲内の文字列や空白セルは計算の対象になりません。

❷条件範囲1
1つ目の条件によって検索するセル範囲を指定します。

❸条件1
1つ目の条件を文字列またはセル、数値、数式で指定します。
※文字列を指定する場合は「"（ダブルクォーテーション）」で囲みます。
※条件にはワイルドカードが使えます。

❹条件範囲2
2つ目の条件によって検索するセル範囲を指定します。

❺条件2
2つ目の条件を文字列またはセル、数値、数式で指定します。
※条件は「,（カンマ）」で区切って指定します。
※条件範囲と条件の組み合わせは、最大127組まで指定できます。

使用例 •

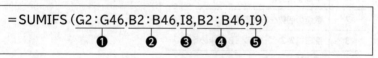

	A	B	C	D	E	F	G	H	I	J
1		利用日	会員No.	氏名	金額	消費税	支払金額（税込）		消費税率	
2		2020/1/4	1007	野中　敏也	89,000	8,900	97,900		10%	
3		2020/1/4	1018	村瀬　稔彦	40,000	4,000	44,000			
4		2020/1/5	1019	草野　萌子	23,000	2,300	25,300		会員No.	支払金額（税込）
5		2020/1/5	1018	村瀬　稔彦	27,000	2,700	29,700		1002	290,400
6		2020/1/6	1021	近藤　真央	45,000	4,500	49,500			
7		2020/1/6	1022	坂井　早苗	15,000	1,500	16,500		1月度支払金額（税込）	
8		2020/1/6	1023	鈴木　保一	72,000	7,200	79,200		>=2020/1/1	1,172,600
9		2020/1/8	1010	布施　友香	19,000	1,900	20,900		<=2020/1/31	
10		2020/1/10	1011	井戸　剛	45,000	4,500	49,500			
11		2020/1/11	1014	天野　真未	45,000	4,500	49,500			
12		2020/1/11	1008	山城　まり	36,000	3,600	39,600			
13		2020/1/12	1009	坂本　誠	26,000	2,600	28,600			
14		2020/1/13	1010	布施　友香	27,000	2,700	29,700			
15		2020/1/16	1001	大月　賢一郎	25,000	2,500	27,500			
16		2020/1/17	1002	佐々木　喜一	46,000	4,600	50,600			
17		2020/1/19	1012	星　龍太郎	78,000	7,800	85,800			
41		2020/2/26	1005	横山　花梨	78,000	7,800	85,800			
42		2020/2/27	1006	和田　光輝	25,000	2,500	27,500			
43		2020/2/28	1013	宍戸　真智子	17,000	1,700	18,700			
44		2020/2/28	1007	野中　敏也	86,000	8,600	94,600			
45		2020/2/28	1012	星　龍太郎	35,000	3,500	38,500			
46		2020/2/28	1008	山城　まり	38,000	3,800	41,800			
47										

J8 セル = SUMIFS(G2:G46,B2:B46,I8,B2:B46,I9)

●セル【J8】に入力されている数式

$$= SUMIFS(\underset{❶}{G2:G46},\underset{❷}{B2:B46},\underset{❸}{I8},\underset{❹}{B2:B46},\underset{❺}{I9})$$

❶複数の条件をすべて満たす場合に合計する税込代金のセル範囲【G2：G46】を指定する。

❷1つ目の検索の対象となる利用年月日のセル範囲【B2：B46】を指定する。

❸1つ目の条件となる開始日のセル【I8】を指定する。

❹2つ目の検索の対象となる利用年月日のセル範囲【B2：B46】を指定する。

❺2つ目の条件となる終了日のセル【I9】を指定する。

見えている数値だけを合計する

関数
SUBTOTAL（サブトータル）

SUBTOTAL関数を使うと、指定したセル範囲の中でシートに表示されているセルだけを対象に集計できます。例えば、フィルターモードを使って抽出したデータの合計を求めることができます。

●SUBTOTAL関数

=SUBTOTAL（**集計方法**, **参照1, 参照2, ・・・**）
　　　　　　　　❶　　　　　　❷

❶集計方法
データの集計方法を表す1〜11までの数値、または1〜11までの数値が入力されたセルを指定します。例えば、「9」を指定すると集計方法は「合計」になります。

数値	集計方法
1	平均を求める
2	数値の個数を求める
3	空白以外のデータの個数を求める
4	最大値を求める
5	最小値を求める
6	積を求める
7	標本標準偏差を求める
8	標準偏差を求める
9	合計を求める
10	不偏分散を求める
11	標本分散を求める

❷参照
集計するセル範囲を指定します。
※参照は最大254個まで指定できます。

	D3	▼ : × ✓ *fx*	=SUBTOTAL(9,F6:F140)					

▲	A	B	C	D	E	F	G	H	I
1		**売上明細**							
2									
3		来客数		138	売上金額			524,400	
4									
5		No. ▼	日付 ▼	メニュー ▼	料金 ▼	来客数 ▼	売上金額 ▼	店舗 ▼	
6		1	5月1日	カット	3,800	13	49,400	荻窪店	
24		19	5月1日	カット	3,800	15	57,000	中野店	
33		28	5月2日	カット	3,800	11	41,800	荻窪店	
51		46	5月2日	カット	3,800	15	57,000	中野店	
60		55	5月3日	カット	3,800	13	49,400	荻窪店	
78		73	5月3日	カット	3,800	15	57,000	中野店	
87		82	5月4日	カット	3,800	12	45,600	荻窪店	
105		100	5月4日	カット	3,800	12	45,600	中野店	
114		109	5月5日	カット	3,800	17	64,600	荻窪店	
132		127	5月5日	カット	3,800	15	57,000	中野店	
141									

第2章

●セル【D3】に入力されている数式

$$=SUBTOTAL\,(\underset{❶}{9},\underset{❷}{F6:F140})$$

❶来客数の合計を求めるため、「**合計**」を表す集計方法「**9**」を指定する。

❷来客数の合計を求めるため、集計するセル範囲【**F6：F140**】(データが入力されているセル範囲) を指定する。ただし、「**分類**」が「**カット**」、「**店舗**」が「**荻窪店**」または「**中野店**」で抽出されたセル (指定したセル範囲内でシートに表示されているセル) が集計対象になる。

POINT 計算結果の更新

フィルターの抽出条件を変更すると、自動的に再計算され、計算結果が更新されます。

例）
中野店にカットまたは学生カットで来客した人数の合計を求める場合

| D3 | ▼ | : | × ✓ fx | =SUBTOTAL(9,F6:F140) | | | |

▲	A	B	C	D	E	F	G	H
1		**売上明細**						
2								
3		**来客数**		124	**売上金額**			377,600
4								
5		No. ▼	日付 ▼	メニュー ▼	料金 ▼	来客数 ▼	売上金額 ▼	店舗 ▼
24		19	5月1日	カット	3,800	15	57,000	中野店
25		20	5月1日	学生カット	2,000	6	12,000	中野店
51		46	5月2日	カット	3,800	15	57,000	中野店
52		47	5月2日	学生カット	2,000	10	20,000	中野店
78		73	5月3日	カット	3,800	15	57,000	中野店
79		74	5月3日	学生カット	2,000	12	24,000	中野店
105		100	5月4日	カット	3,800	12	45,600	中野店
106		101	5月4日	学生カット	2,000	8	16,000	中野店
132		127	5月5日	カット	3,800	15	57,000	中野店
133		128	5月5日	学生カット	2,000	16	32,000	中野店
141								

5 個々に掛けた値の合計を一回で求める

関数 SUMPRODUCT（サムプロダクト）

SUMPRODUCT関数を使うと、指定したセル範囲で相対位置にある数値同士を掛けて、その結果の合計を求めることができます。例えば、明細行の小計を求めずに、一回で金額の合計を求めるときに使うことができます。

●SUMPRODUCT関数

=SUMPRODUCT（配列1, 配列2, ･･･）
　　　　　　　　　　❶

---

❶配列
数値が入力されているセル範囲を指定します。
※引数は最大255個まで指定できます。
※配列をセル範囲で指定する場合は、同じ行数と列数を持つセル範囲を指定します。

例）
行単位で配列1と配列2に入力されている値を掛けて、その結果の合計を求める場合

B1	▼	:	× ✓	fx	=SUMPRODUCT(A4:A6,B4:B6)		
▲	A	B	C	D	E	F	G
1	合計	122					
2							
3	配列1	配列2					
4	5	4	→ 5×4＝20				
5	6	5	→ 6×5＝30	合計			
6	8	9	→ 8×9＝72				
7							

使用例 •

| D10 | ▼ | : | × | ✓ | fx | =SUMPRODUCT(D14:D18,E14:E18,1-G14:G18) |

	A	B	C	D	E	F	G	H
3			御見積書					
4								
5		株式会社　FOM　御中				プロジェクトエー株式会社		
6						〒181-0012		
7		件名：コンピューター室LAN敷設				三鷹市上連省3-X-X		
8		下記のとおり御見積り申し上げます。				TEL：042-246-XXXX		
9								
10		御見積金額合計(※)		¥3,177,900				
11		(※下記御見積金額より割引させていただいております。)						
12								
13		No.	品名	単価(税込)	数量	合計	割引率	
14		1	LANケーブル	880	30	26,400	0%	
15		2	敷設費一式	50,000	1	50,000	10%	
16		3	PC-V1 (端末パソコン)	98,000	30	2,940,000	0%	
17		4	設置費一式	65,000	1	65,000	10%	
18		5	動作確認一式	120,000	1	120,000	10%	
19			見積合計金額			3,201,400		

●セル【D10】に入力されている数式

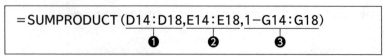

$$=\text{SUMPRODUCT}(\underbrace{\text{D14}:\text{D18}}_{①},\underbrace{\text{E14}:\text{E18}}_{②},\underbrace{1-\text{G14}:\text{G18}}_{③})$$

①単価のセル範囲【D14：D18】を指定する。

②数量のセル範囲【E14：E18】を指定する。

③割引率のセル範囲【G14：G18】を指定する。

※各行の「合計」は単価×数量×(1-割引率) で求めます。

※御見積金額合計のセル【D9】には、表示形式「¥」が設定されています。

POINT 印刷したくない列や行を非表示にする

作成した見積書の割引欄のように、計算では必要でも印刷したくない場合は、その列または行を非表示にします。
列や行を非表示にする方法は、次のとおりです。

◆列番号または行番号を右クリック→《非表示》

発行日：2020/4/1
No.200401

御見積書

株式会社　FOM　御中

件名：コンピューター室LAN敷設
下記のとおり御見積り申し上げます。

プロジェクトエー株式会社
〒181-0012
三鷹市上連雀3-X-X
TEL：042-246-XXXX

御見積金額合計(※)	¥3,177,900

(※下記お見積金額より割引させていただいております。)

No.	品名	単価(税込)	数量	合計
1	LANケーブル	880	30	26,400
2	敷設費一式	50,000	1	50,000
3	PC-V1 (端末パソコン)	98,000	30	2,940,000
4	設置費一式	65,000	1	65,000
5	動作確認一式	120,000	1	120,000
	見積合計金額			3,201,400

6 範囲内の数値を乗算する

<table>
<tr><td>関数</td><td>PRODUCT（プロダクト）</td></tr>
</table>

PRODUCT関数を使うと、指定した範囲の数値の積を求めることができます。

● **PRODUCT関数**

＝PRODUCT（<u>数値1，数値2，・・・</u>）

---

❶数値
積を求めるセル範囲または数値、セルを指定します。
※引数は最大255個まで指定できます。
※範囲内の文字列や空白セルは計算の対象になりません。

例1）
セル範囲【A1：A3】の積を求める場合
＝PRODUCT（A1：A3）

例2）
セル範囲【A1：A3】とセル【A10】、100の積を求める場合
＝PRODUCT（A1：A3,A10,100）

G4	▼	:	×	✓	*fx*	=PRODUCT(D4:F4)	

▲	A	B	C	D	E	F	G	H
1		**商品一覧表**						
2								
3		商品No.	商品名	価格	数量	掛け率	売上合計	
4		C1005	子供用電気自動車	15,000	7	0.9	94,500	
5		C1007	ターボラジコン	5,000	5	0.9	22,500	
6		K1005	子供用天体望遠鏡	25,000	4	0.7	70,000	
7		K1220	トレインセット	6,400	14	0.9	80,640	
8		J1250	キャラクターテーブル	15,000	2	0.9	27,000	
9		J2300	キッズ英語ビデオセット	30,000	12	0.8	288,000	
10		A1200	森の積み木	7,800	15	0.9	105,300	
11		A1350	電動ペット	20,000	10	0.7	140,000	
12		F1250	ミニ輪投げ	3,225	30	0.9	87,075	
13		F1270	くねくねコースター	6,300	8	0.9	45,360	
14								

●セル【G4】に入力されている数式

$$=PRODUCT\underset{❶}{(D4:F4)}$$

❶積を求めるセル範囲【D4：F4】を指定する。

🔥POINT PRODUCT関数と演算子「＊」の使い分け

数値を掛ける場合は、「＝A1＊A2」のように演算子「＊（アスタリスク）」を使いますが、掛ける数値の数が多い場合はPRODUCT関数を使うと効率的です。

数値を基準値の倍数で切り上げる

CEILING.MATH（シーリングマス）

CEILING.MATH関数を使うと、指定した数値を基準値の倍数の中で最も近い値に切り上げることができます。例えば、勤務時間を指定した単位で切り上げる場合に使うことができます。

●CEILING.MATH関数

=CEILING.MATH（数値, 基準値, モード）
　　　　　　　　　❶　　　　❷　　　　❸

❶数値
倍数になるように切り上げる数値またはセルを指定します。
❷基準値
切り上げるときの基準となる数値またはセルを指定します。
※省略できます。省略すると最も近い整数に切り上げます。
❸モード
❶が負の数の場合、「0」または「0以外の数値」を指定します。

0	0に近い値に切り上げる
0以外の数値	0から離れた値に切り上げる

※省略できます。省略すると「0」を指定したことになります。

例）

	A	B	C	D	
1					
2	数値	基準値		結果	
3	33	5	→	35	── =CEILING.MATH(A3,B3)
4	17	10	→	20	── =CEILING.MATH(A4,B4)
5	-14	5	→	-10	── =CEILING.MATH(A5,B5)
6	-14	5	→	-15	── =CEILING.MATH(A6,B6,-1)
7					

| E5 | ▼ | : | × | ✓ | fx | =CEILING.MATH(C5,"00:15") |

▲	A	B	C	D	E	F	G	H
1		アルバイト勤務実績表					鈴木花子	
2								
3		5月度	タイムカード		実労働時間		備考	
4		日付	出勤	退勤	出勤	退勤		
5		1日(金)	8:55	12:00	9:00	12:00		
6		2日(土)	9:05	12:12	9:15	12:15		
7		3日(日)			0:00	0:00		
8		4日(月)			0:00	0:00		
9		5日(火)			0:00	0:00		
10		6日(水)	13:48	20:32	14:00	20:45		
11		7日(木)	13:55	20:15	14:00	20:15		
12		8日(金)	8:38	16:12	8:45	16:15		
13		9日(土)			0:00	0:00		
14		10日(日)			0:00	0:00		
15		11日(月)			0:00	0:00		
27		23日(土)			0:00	0:00		
28		24日(日)			0:00	0:00		
29		25日(月)			0:00	0:00		
30		26日(火)	8:49	16:32	9:00	16:45		
31		27日(水)	8:50	17:02	9:00	17:15		
32		28日(木)	8:53	16:35	9:00	16:45		
33		29日(金)	8:46	16:08	9:00	16:15		
34		30日(土)			0:00	0:00		
35		31日(日)			0:00	0:00		
36		※勤務時間は15分単位で計算						
37								

● セル【E5】に入力されている数式

```
=CEILING.MATH(C5,"00:15")
         ❶       ❷
```

❶ 切り上げる時間として出勤のセル【C5】を指定する。
❷ 15分を基準として切り上げるため「"00:15"」を入力する。

✿ POINT 数式に日付や時刻を使用する

数式に日付や時刻を使用する場合は、日付や時刻を「"(ダブルクォーテーション)」で囲んで文字列として入力します。

8 数値を基準値の倍数で切り捨てる

関数 FLOOR.MATH（フロアーマス）

FLOOR.MATH関数を使うと、指定した数値を基準値の倍数の中で最も近い値に切り捨てることができます。

●FLOOR.MATH関数

=FLOOR.MATH（<u>数値</u>, <u>基準値</u>, <u>モード</u>）
　　　　　　　❶　　　❷　　　　❸

❶数値
倍数になるように切り捨てる数値またはセルを指定します。

❷基準値
切り捨てるときの基準となる数値またはセルを指定します。
※省略できます。省略すると最も近い整数に切り捨てます。

❸モード
❶が負の数の場合、「0」または「0以外の数値」を指定します。

0	0から離れた値に切り捨てる
0以外の数値	0に近い値に切り捨てる

※省略できます。省略すると「0」を指定したことになります。

例）

	A	B	C	D	
1					
2	数値	基準値		結果	
3	33	5	→	30	●—=FLOOR.MATH(A3,B3)
4	17	10	→	10	●—=FLOOR.MATH(A4,B4)
5	-14	5	→	-15	●—=FLOOR.MATH(A5,B5)
6	-14	5	→	-10	●—=FLOOR.MATH(A6,B6,-1)
7					

| E5 | ▼ | : | × | ✓ | fx | =FLOOR.MATH(D5,C5) | |

▲	A	B	C	D	E	F	G
1		**注文数早見表**					
2		※上限本数を超えないように、ケース単位で注文してください。					
3							
4		種類	本/ケース	注文上限本数	最大注文本数	注文数（ケース）	
5		ビール	24	200	192	8	
6		スパークリングワイン	4	30	28	7	
7		赤ワイン	4	20	20	5	
8		白ワイン	4	20	20	5	
9		オレンジジュース	24	100	96	4	
10		ミネラルウォーター	6	100	96	16	
11		ウーロン茶	6	100	96	16	
12							

第2章

●セル【E5】に入力されている数式

=FLOOR.MATH (D5,C5)
      ❶ ❷

❶切り捨てる本数として注文上限本数のセル【D5】を指定する。

❷切り捨てる基準値として1ケース当たりの本数のセル【C5】を指定する。

関数 **ROUNDDOWN（ラウンドダウン）**

ROUNDDOWN関数を使うと、数値の端数を指定した桁数で切り捨てることができます。例えば、消費税の端数処理に使うことができます。

●ROUNDDOWN関数

＝ROUNDDOWN（数値, 桁数）
　　　　　　　　　❶　　 ❷

---

❶数値
端数を切り捨てる数値またはセルを指定します。

❷桁数
端数を切り捨てた結果の桁数を指定します。

桁数の指定方法は、次のとおりです。

　　　　56.78
桁数　 −10 1 2

例）
数値「56.78」、桁数「−1」の場合、1の位を切り捨てた「50」が求められる

	A	B	C	D		
1						
2	数値	桁数		結果		
3	56.78	-1	→	50		=ROUNDDOWN(A3,B3)
4	56.78	0	→	56		=ROUNDDOWN(A4,B4)
5	56.78	1	→	56.7		=ROUNDDOWN(A5,B5)
6	56.78	2	→	56.78		=ROUNDDOWN(A6,B6)
7						

使用例 •

| E5 | | ▼ | : | × | ✓ | fx | =ROUNDDOWN(D5/1000,0) | |

▲	A	B	C	D	E	F	G
1		**POINT一覧**			**2020年度**		
2		★1000円のお買い上げにつき、1ポイント換算					
3							
4		**No.**	**顧客名**	**購入金額**	**獲得ポイント**		
5		1	遠藤　直子	¥350,680	350		
6		2	大川　雅人	¥298,800	298		
7		3	梶本　修一	¥621,386	621		
8		4	桂木　真紀子	¥98,812	98		
9		5	木村　進	¥256,830	256		
10		6	小泉　優子	¥365,250	365		

● セル【E5】に入力されている数式

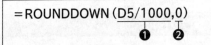

= ROUNDDOWN (D5/1000,0)
　　　　　　　❶　　　❷

❶ 端数を切り捨てる購入金額のセル【D5】を指定し、1000円につき1ポイントで換算するため「1000」で割る。
❷ 小数点以下を切り捨てるため「0」を入力する。

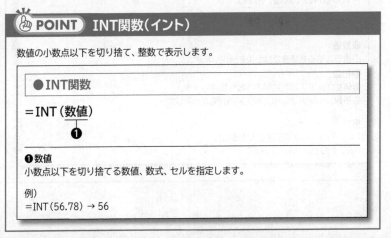

🔍 POINT　INT関数（イント）

数値の小数点以下を切り捨て、整数で表示します。

● INT関数

= INT (数値)
　　　　❶

❶ 数値
小数点以下を切り捨てる数値、数式、セルを指定します。

例）
= INT (56.78) → 56

POINT ROUNDUP関数(ラウンドアップ)

指定した桁数で数値の端数を切り上げます。

●ROUNDUP関数

=ROUNDUP (数値, 桁数)

❶数値
端数を切り上げる数値またはセルを指定します。
❷桁数
端数を切り上げた結果の桁数を指定します。
※桁数の指定方法はROUNDDOWN関数と同じです。

例)
「56.78」を小数点以下第2位で切り上げる場合
=ROUNDUP (56.78,1) → 56.8

POINT ROUND関数(ラウンド)

指定した桁数で数値を四捨五入できます。

●ROUND関数

=ROUND (数値, 桁数)

❶数値
四捨五入する数値またはセルを指定します。
❷桁数
数値を四捨五入した結果の桁数を指定します。
※桁数の指定方法はROUNDDOWN関数と同じです。

例)
「56.78」を1の位で四捨五入する場合
=ROUND (56.78,−1) → 60

関数
TRUNC（トランク）
SIGN（サイン）

数値を五捨六入など、四捨五入以外の端数処理をする場合は、TRUNC関数に、端数処理をするための計算式とSIGN関数を組み合わせます。例えば、給与や保険の計算など、様々な場面で四捨五入とは限らない端数処理をするときに利用することができます。

第2章

●TRUNC関数

指定した桁数で数値の端数を切り捨てます。

=TRUNC（**数値, 桁数**）
　　　　　❶　　❷

---

❶数値
端数を切り捨てる数値またはセルを指定します。

❷桁数
端数を切り捨てた結果の桁数を指定します。

桁数の指定方法は、次のとおりです。

```
      15.25
桁数 -1 0 1 2
```

※省略できます。省略すると「0」を指定したことになります。

例1)
小数点以下第2位を切り捨て、小数点以下第1位までの数値にする場合
=TRUNC(15.25,1) → 15.2

例2)
小数点以下を切り捨て、整数にする場合
=TRUNC(15.25,0) → 15

例3)
1の位で切り捨てる場合
=TRUNC(15.25,-1) → 10

数値の符号を調べ、数値が正の数の場合は「1」、0の場合は「0」、負の数の場合は「−1」を返します。

$$= SIGN (数値)$$
❶

❶数値
符号を調べる数値またはセルを指定します。

使用例 ●

E5	▼	:	× ✓	f_x	=TRUNC(C5+0.4*SIGN(C5))	

▲	A	B	C	D	E	F	G
1		**A市の1月第1週の気温**					
2							
3		日付	実測値		表示気温		
4			最高気温	最低気温	最高気温	最低気温	
5		1月1日	-1.5	-5.5	-1	-5	
6		1月2日	-2.6	-6.6	-3	-7	
7		1月3日	-1.3	-4.3	-1	-4	
8		1月4日	-0.6	2.5	-1	2	
9		1月5日	-0.5	3.6	0	4	
10		1月6日	0.5	1.5	0	1	
11		1月7日	0.6	4.5	1	4	
12					※小数点以下を五捨六入		

●セル【E5】に入力されている数式

$$= TRUNC (C5+0.4*SIGN (C5))$$
❶　❷　　　　❸

❶端数処理する数値に1月1日の測定値の最高気温のセル【C5】を指定する。
❷小数点以下を五捨六入するため「0.4」を足す。
※端数処理の補正値は補正値早見表から求めます。
❸1月1日の測定値の最高気温のセル【C5】の符号をSIGN関数で求め、❷に掛ける。

🏆 POINT n−1捨n入の切り上げと切り捨て

五捨六入では、端数を処理する位の数値が5以下なら切り捨て、6以上なら切り上げ処理をします。切り捨て、切り上げを判定するには、端数を処理する位に、切り上げの境界となる数値（補正値）を加算します。例えば、五捨六入の場合、切り上げの境界となる数値は、端数を処理する位に「4」を乗算した値です。端数を処理する位の数値が5以下なら4を足しても繰り上がらないため切り捨て、6以上なら4を足すと上の桁に繰り上がるため、切り上げとなります。

例1）
「15.5」を小数点以下第1位で五捨六入する場合
=TRUNC（15.5+（0.1＊4））
=TRUNC（15.9）→15

例2）
「15.6」を小数点以下第1位で五捨六入する場合
=TRUNC（15.6+（0.1＊4））
=TRUNC（16.0）→16

例3）
「15.6」を小数点以下第1位で六捨七入する場合
=TRUNC（15.6+（0.1＊3））
=TRUNC（15.9）→15

🏆 POINT 補正値早見表

様々な位での端数処理に対する補正値は、次のとおりです。次の表を参考に補正値を直接入力すると数式を簡略化して入力することができます。

端数処理	10の位	1の位	小数点以下第1位	小数点以下第2位
一捨二入	80	8	0.8	0.08
二捨三入	70	7	0.7	0.07
三捨四入	60	6	0.6	0.06
四捨五入	50	5	0.5	0.05
五捨六入	40	4	0.4	0.04
六捨七入	30	3	0.3	0.03
七捨八入	20	2	0.2	0.02
八捨九入	10	1	0.1	0.01

POINT 端数処理に使う代表的な関数

端数処理に使う代表的な関数は、次のとおりです。
ROUND関数、ROUNDUP関数、ROUNDDOWN関数で指定する引数は、TRUNC関数と同じです。

関数名	機能	例	返す値
INT	小数点以下を 切り捨てる	=INT (10.55)	小数点以下を 切り捨て → 10
ROUND	指定した桁数に 四捨五入する	=ROUND (10.55,1)	小数点以下第2位を 四捨五入 → 10.6
ROUNDUP	指定した桁数に 切り上げる	=ROUNDUP (10.55,1)	小数点以下第2位を 切り上げ → 10.6
ROUNDDOWN	指定した桁数に 切り捨てる	=ROUNDDOWN (10.55,1)	小数点以下第2位を 切り捨て → 10.5

TRUNK関数、ROUND関数、ROUNDUP関数、ROUNDDOWN関数で指定する引数は共通です。これらの関数は端数処理をする桁数を指定できますが、INT関数は端数処理をする桁数を指定できません。
また、TRUNK関数とROUNDDOWN関数は同じ結果を得ることができます。ROUNDDOWN関数は端数処理をする桁数を省略できませんが、TRUNK関数では省略できます。TRUNK関数で端数処理をする桁数を省略した結果は、INT関数と同じ結果になります。

11 指定した範囲の数値を合計する

販売実績表などで、上位3位までや上半期といった特定範囲の合計を求める場合、SUM関数とOFFSET関数を組み合わせて使います。

●SUM関数

指定した範囲の数値の合計を求めます。

$$=SUM（\underset{\textbf{❶}}{\text{数値1, 数値2, ・・・}}）$$

❶数値
合計を求めるセル範囲または数値を指定します。
※引数は最大255個まで指定できます。
※範囲内の文字列や空白セルは計算の対象になりません。

●OFFSET関数

基準となるセルから、指定した行数、列数だけ移動した位置にあるセルを先頭にして、指定した高さ、幅を持つセル範囲を参照します。この関数は「検索/行列関数」に分類されています。

$$=OFFSET（\underset{\textbf{❶}}{\text{参照}}, \underset{\textbf{❷}}{\text{行数}}, \underset{\textbf{❸}}{\text{列数}}, \underset{\textbf{❹}}{\text{高さ}}, \underset{\textbf{❺}}{\text{幅}}）$$

❶参照
基準となるセルまたはセル範囲を指定します。

❷行数
基準となるセルから移動する行数を指定します。

❸列数
基準となるセルから移動する列数を指定します。

❹高さ
セル範囲の行数を指定します。

❺幅
セル範囲の列数を指定します。
※❹高さと❺幅は省略できます。省略すると、❶の参照に指定した範囲と同じ行数または列数になります。

E14	▼	:	× ✓	fx	=SUM(OFFSET(D4,0,2,4,1))			

◢	A	B	C	D	E	F	G	H
1		**店舗別商品販売実績**						
2							単位：千円	
3		地区	店舗	2017年度	2018年度	2019年度	合計	
4		関東	渋谷	88,735	91,871	95,238	275,844	
5			新宿	84,502	74,625	81,250	240,377	
6			八王子	78,044	71,238	76,384	225,666	
7			横浜	82,855	80,312	83,159	246,326	
8		関西	梅田	93,808	103,878	99,683	297,369	
9			なんば	82,602	92,436	92,816	267,854	
10			京都	9,859	10,789	11,359	32,007	
11			三宮	52,905	62,354	63,220	178,479	
12		合計		573,310	587,503	603,109	1,763,922	
13								
14		関東地区2019年度合計			336,031			
15		関西地区2019年度合計			267,078			
16								
17								

●セル【E14】に入力されている数式

> = SUM (OFFSET (D4,0,2,4,1))
>   ❶ ❷❸❹❺

❶数値の基準としてセル【D4】を指定する。

❷基準のセル【D4】と関東地区の2019年度の先頭のセルは同じ行のため「0」を入力する。

❸基準のセル【D4】から関東地区の2019年度へは「2」列移動するため「2」を入力する。

❹関東地区の2019年度分を指定するには下に「4」行分必要なため「4」を入力する。

❺関東地区の2019年度分を指定するには「1」列分必要なため「1」を入力する。

※OFFSET関数で参照したセル範囲の数値の合計をSUM関数で求めています。

第3章

論理関数

1 複数の条件を設定する（1）

関数 AND（アンド）

AND関数を使うと、指定した複数の条件をすべて満たしているかどうかを判定できます。条件をすべて満たしている場合は「**TRUE**」を返し、ひとつでも条件を満たしていない場合は「**FALSE**」を返します。

●AND関数

＝AND（論理式1, 論理式2, ・・・）

---

❶論理式
条件を満たしているかどうかを調べる数式を指定します。
※引数は最大255個まで指定できます。
※範囲内の文字列や空白セルは計算の対象になりません。

例）
セル【C5】に上期の売上実績「600万円」、セル【D5】に下期の売上実績「400万円」が入力されている場合

上期も下期も300万円以上
=AND（C5>=3000000,D5>=3000000） → TRUE

上期が300万円以上500万円以下
=AND（C5>=3000000,C5<=5000000） → FALSE

F7		▼	:	× ✓	*fx*	=AND(C7>=4000000,D7>=4000000)		

▲	A	B	C	D	E	F	G	H	I
1		**個人別年間売上表**							
2		※上期と下期の売上目標を400万円に設定							
3		※どちらも400万円以上であれば「TRUE」、そうでなければ「FALSE」を表示する							
4									
5						単位:千円			
6		氏名	上期売上	下期売上	売上合計	目標達成			
7		島田　由紀	3,800	4,000	7,800	FALSE			
8		綾辻　秀人	1,550	2,600	4,150	FALSE			
9		藤倉　俊	2,300	4,700	7,000	FALSE			
10		遠藤　真紀	4,200	3,600	7,800	FALSE			
11		京山　秋彦	1,900	1,500	3,400	FALSE			
12		川原　香織	3,900	2,300	6,200	FALSE			
13		福田　直樹	4,200	5,800	10,000	TRUE			
14		斉藤　信也	4,900	4,500	9,400	TRUE			
15		坂本　利雄	3,100	5,100	8,200	FALSE			
16		山本　涼子	3,800	3,100	6,900	FALSE			
17									

第3章

●セル【F7】に入力されている数式

$$=AND\underset{❶}{\underline{(C7>=4000000,D7>=4000000)}}$$

❶「上期売上のセル【C7】と下期売上のセル【D7】が両方とも400万円以上である」という条件を入力する。

※売上金額が入力されているセル範囲【C7:E16】には、表示形式「#,###,」が設定されています。

複数の条件を設定する（2）

関数 **OR（オア）**

OR関数を使うと、指定した複数の条件のいずれかを満たしているかどうかを判定できます。条件をひとつでも満たしている場合は「**TRUE**」を返し、すべての条件を満たしていない場合は「**FALSE**」を返します。

● OR関数

＝OR（論理式1，論理式2，…）

---

❶論理式
条件を満たしているかどうかを調べる数式を指定します。
※引数は最大255個まで指定できます。
※範囲内の文字列や空白セルは計算の対象になりません。

例）
セル【C5】に上期の売上実績「600万円」、セル【D5】に下期の売上実績「200万円」が入力されている場合

上期か下期のどちらかが300万円以上
＝OR（C5>=3000000,D5>=3000000）→ TRUE

上期か下期のどちらかが700万円以上
＝OR（C5>=7000000,D5>=7000000）→ FALSE

使用例 •

| F7 | ▼ | : | × | ✓ | fx | =OR(C7>=4000000,D7>=4000000) |

▲	A	B	C	D	E	F	G	H	I
1		**個人別年間売上表**							
2		※上期と下期の売上目標を400万円に設定							
3		※どちらか一方が400万円以上であれば「TRUE」、そうでなければ「FALSE」を表示する							
4									
5						単位：千円			
6		氏名	上期売上	下期売上	売上合計	目標達成			
7		島田　由紀	3,800	4,000	7,800	TRUE			
8		綾辻　秀人	1,550	2,600	4,150	FALSE			
9		藤倉　俊	2,300	4,700	7,000	TRUE			
10		遠藤　真紀	4,200	3,600	7,800	TRUE			
11		京山　秋彦	1,900	1,500	3,400	FALSE			
12		川原　香織	3,900	2,300	6,200	FALSE			
13		福田　直樹	4,200	5,800	10,000	TRUE			
14		斉藤　信也	4,900	4,500	9,400	TRUE			
15		坂本　利雄	3,100	5,100	8,200	TRUE			
16		山本　涼子	3,800	3,100	6,900	FALSE			
17									

●セル【F7】に入力されている数式

$$=OR\underline{(C7>=4000000,D7>=4000000)}$$
❶

❶「上期売上のセル【C7】または下期売上のセル【D7】が400万円以上である」
という条件を入力する。

※売上金額が入力されているセル範囲【C7：E16】には、表示形式「#,###,」が設定されています。

第3章

3 条件をもとに結果を表示する（1）

IF関数を使うと、指定した条件を満たしている場合と満たしていない場合の結果を表示できます。例えば、点数によって評価する成績表などに使うことができます。

●IF関数

$$=IF（論理式, 真の場合, 偽の場合）$$
　　　　　❶　　　❷　　　　❸

❶論理式
判断の基準となる数式を指定します。
❷真の場合
❶の結果が真の場合の処理を数値または数式、文字列で指定します。
❸偽の場合
❶の結果が偽の場合の処理を数値または数式、文字列で指定します。
※❷真の場合と❸偽の場合が文字列の場合は「"（ダブルクォーテーション）」で囲みます。

例1)
セル【D3】の値が250,000以上であれば「A」、そうでなければ空白を表示する場合
※「"（ダブルクォーテーション）」を2回入力すると空白が表示されます。

E3	▼	：	✕ ✓	f_x	=IF(D3>=250000,"A","")	
◢	A	B	C	D	E	F
1						
2		社員番号	氏名	今期実績	評価	
3		1001	井上　夏樹	265,000	A	
4		1002	加藤　健太	320,000	A	
5		1003	渡瀬　光	198,200		
6						

例2)
セル【D3】の値が250,000以上であれば「A」、そうでなければ「B」と表示する場合

| E3 | | ▼ | : | × | ✓ | fx | =IF(D3>=250000,"A","B") |

	A	B	C	D	E	F
1						
2		社員番号	氏名	今期実績	評価	
3		1001	井上　夏樹	265,000	A	
4		1002	加藤　健太	320,000	A	
5		1003	渡瀬　光	198,200	B	
6						

使用例 •

| F7 | | ▼ | : | × | ✓ | fx | =IF(E7>=7000000,"A","B") |

	A	B	C	D	E	F	G	H
1		**年間売上成績**						
2		※売上合計で成績を評価する						
3		※売上合計が700万円以上であれば「A」、そうでなければ「B」を表示する						
4								
5						単位：千円		
6		氏名	上期売上	下期売上	売上合計	評価		
7		島田　由紀	3,800	4,000	7,800	A		
8		綾辻　秀人	1,550	2,600	4,150	B		
9		藤倉　俊	2,300	4,700	7,000	A		
10		遠藤　真紀	4,200	3,600	7,800	A		
11		京山　秋彦	1,900	1,500	3,400	B		

●セル【F7】に入力されている数式

$$=IF\underset{①}{(E7>=7000000,}\underset{②}{"A",}\underset{③}{"B")}$$

❶「売上合計のセル【E7】が700万円以上である」という条件を入力する。

❷条件を満たしている場合、表示する文字列として「"A"」を入力する。

❸条件を満たしていない場合、表示する文字列として「"B"」を入力する。

※売上金額が入力されているセル範囲【C7:E16】には、表示形式「#,###,」が設定されています。

条件をもとに結果を表示する（2）

関数 IF（イフ）
AND（アンド）

上期や下期の売上額によって成績評価をするような場合、IF関数とAND関数などを組み合わせると、条件に合わせて処理を指定できます。

● IF関数

指定した条件を満たしている場合と満たしていない場合の結果を表示できます。

$$= IF（論理式, 真の場合, 偽の場合）$$

❶論理式
判断の基準となる数式を指定します。

❷真の場合
❶の結果が真の場合の処理を数値または数式、文字列で指定します。

❸偽の場合
❶の結果が偽の場合の処理を数値または数式、文字列で指定します。

※❷真の場合と❸偽の場合が文字列の場合は「"（ダブルクォーテーション）」で囲みます。

● AND関数

指定した複数の条件をすべて満たしているかどうかを判定できます。条件をすべて満たしている場合は「TRUE」を返し、ひとつでも条件を満たしていない場合は「FALSE」を返します。

$$= AND（論理式1, 論理式2, \cdots）$$

❶論理式
条件を満たしているかどうかを調べる数式を指定します。

※引数は最大255個まで指定できます。

※範囲内の文字列や空白セルは計算の対象になりません。

| F7 | ▼ | ： | × | ✓ | *fx* | =IF(AND(C7>=4000000,D7>=4000000),"A","B") |

	A	B	C	D	E	F	G	H
1		**年間売上成績**						
2		※上期と下期の売上で成績を評価する						
3		※どちらも400万円以上であれば「A」、そうでなければ「B」を表示する						
4								
5						単位：千円		
6		氏名	上期売上	下期売上	売上合計	評価		
7		島田　由紀	3,800	4,000	7,800	B		
8		綾辻　秀人	1,550	2,600	4,150	B		
9		藤倉　俊	2,300	4,700	7,000	B		
10		遠藤　真紀	4,200	3,600	7,800	B		
11		京山　秋彦	1,900	1,500	3,400	B		
12		川原　香織	3,900	2,300	6,200	B		
13		福田　直樹	4,200	5,800	10,000	A		
14		斉藤　信也	4,900	4,500	9,400	A		
15		坂本　利雄	3,100	5,100	8,200	B		
16		山本　涼子	3,800	3,100	6,900	B		
17								

●セル【F7】に入力されている数式

= IF (AND (C7>=4000000,D7>=4000000) ,"A","B")
                     ❶   ❷ ❸

❶「上期売上のセル【C7】と下期売上のセル【D7】が両方とも400万円以上である」という条件を入力する。

※AND関数で、指定した条件をすべて満たしているかどうかを判定する論理式「C7>=4000000」と「D7>=4000000」を指定します。

❷条件を満たしている場合、表示する文字列として「"A"」を入力する。

❸条件を満たしていない場合、表示する文字列として「"B"」を入力する。

※売上金額が入力されているセル範囲【C7:E16】には、表示形式「#,###,」が設定されています。

IFS関数を使うと、複数の条件を順番に判断し、条件に応じて異なる結果を表示できます。条件には、以上、以下などの比較演算子を使った数式を指定できます。

●IFS関数 `2019`

=IFS（論理式1,真の場合1,論理式2,真の場合2,・・・,TRUE,当てはまらなかった場合）
   ❶   ❷   ❸   ❹   ❺   ❻

---

❶論理式1
判断の基準となる1つ目の条件を数式で指定します。

❷真の場合1
1つ目の論理式が真の場合の値を数値または数式、文字列で指定します。

❸論理式2
判断の基準となる2つ目の条件を数式で指定します。

❹真の場合2
2つ目の論理式が真の場合の値を数値または数式、文字列で指定します。

❺TRUE
TRUEを指定すると、すべての論理式に当てはまらなかった場合を指定できます。

❻当てはまらなかった場合
すべての論理式に当てはまらなかった場合の値を数値または数式、文字列で指定します。
※❷❹値が真の場合と❻当てはまらなかった場合が文字列の場合は「"（ダブルクォーテーション）」で囲みます。
※論理式と真の場合の組み合わせは、127組まで指定できます。

例）
セル【D3】の値が300,000以上であれば「A」、250,000以上300,000未満であれば「B」、250,000未満であれば「C」と表示する場合
=IFS（D3>=300000,"A",D3>=250000,"B",TRUE,"C"）

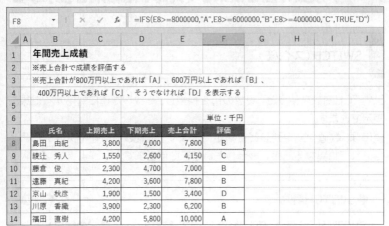

● セル【F8】に入力されている数式

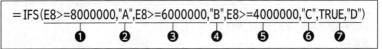

❶「売上合計のセル【E8】が800万円以上である」という条件を入力する。

❷条件を満たしている場合、表示する文字列として「"A"」を入力する。

❸「売上合計のセル【E8】が600万円以上である」という条件を入力する。

❹条件を満たしている場合、表示する文字列として「"B"」を入力する。

❺「売上合計のセル【E8】が400万円以上である」という条件を入力する。

❻条件を満たしている場合、表示する文字列として「"C"」を入力する。

❼すべての条件を満たさない場合、表示する文字列として「"D"」を入力する。

🔔 POINT　IF関数のネスト

IFS関数に対応していないバージョンの場合は、複数のIF関数を組み合わせ（ネスト）て条件を設定すると、結果を条件ごとに細かく分けて表示できます。
IF関数のネストを使うと、使用例の数式は次のように入力します。

● セル【F8】の数式

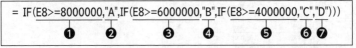

関数　SWITCH（スイッチ）

SWITCH関数を使うと、複数の値を検索し、一致した値に対応する結果を表示できます。

値には、数値や文字列などを指定できます。指定した数値や文字列によってそれぞれ異なる結果を表示したいときに使います。

●SWITCH関数 `2019`

=SWITCH（**検索値**, **値1**, **結果1**, **値2**, **結果2**, ···, **既定の結果**）
   ❶   ❷   ❸   ❹   ❺   ❻

---

❶検索値
検索する値を、数値または数式、文字列で指定します。

❷値1
検索値と比較する1つ目の値を、数値または数式、文字列、セルで指定します。

❸結果1
検索値が「値1」のときに返す結果を、数値または数式、文字列、セルで指定します。

❹値2
検索値と比較する2つ目の値を、数値または数式、文字列、セルで指定します。

❺結果2
検索値が「値2」のときに返す結果を、数値または数式、文字列、セルで指定します。

❻既定の結果
検索値がどの値にも一致しなかったときに返す結果を指定します。省略した場合はエラー「#N/A」が返されます。
※「値」と「結果」の組み合わせは、126個まで指定できます。

例）
セル【E2】が「A」であれば「優」、「B」であれば「良」、「C」であれば「可」、それ以外は「不可」を表示します。

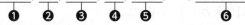

▲	A	B	C	D	E	F	G	H
1		社員番号	氏名	今期実績	ランク	表示		
2		1001	井上　夏樹	265,000	B	良		
3		1002	加藤　健太	320,000	A	優		
4		1003	渡瀬　光	198,200	C	可		
5		1004	佐川　淳	198,200	C	可		

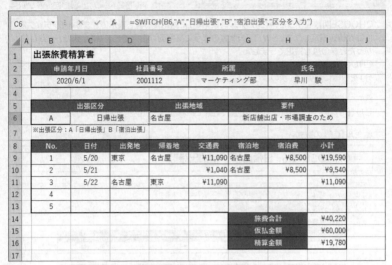

● セル【C6】に入力されている数式

❶ セル【B6】の値を検索値とする。

❷ 検索値が「A」の場合、表示する文字列として「"日帰出張"」を入力する。

❸ 検索値が「B」の場合、表示する文字列として「"宿泊出張"」を入力する。

❹ 検索値がそれ以外の場合、表示する文字列として「"区分を入力"」を入力する。

CHOOSE関数を使うと、インデックス(検索値)に対応する値を表示できます。インデックスには数値を指定します。SWITCH関数のように文字列は指定できません。また、一致しなかったときの値も指定できません。
CHOOSE関数を使って、使用例と同じように結果を表示するには、検索値となる「出張区分」を数値に変更して次のように入力します。

例)
セル【B6】が「1」であれば「日帰出張」、「2」であれば「宿泊出張」を表示します。

● セル【C6】の数式

= CHOOSE (B6,"日帰出張","宿泊出張")

C6	▼	:	×	✓	fx	=CHOOSE(B6,"日帰出張","宿泊出張")			
▲	A	B	C	D	E	F	G	H	I	J

	A	B	C	D	E	F	G	H	I	J
1		**出張旅費精算書**								
2		申請年月日		社員番号		所属		氏名		
3		2020/6/1		2001112		マーケティング部		早川　駿		
4										
5		出張区分		出張地域		要件				
6		1	日帰出張	名古屋		新店舗出店・市場調査のため				
7		※出張区分:1「日帰出張」　2「宿泊出張」								
8		No.	日付	出発地	帰着地	交通費	宿泊地	宿泊費	小計	
9		1	5/20	東京	名古屋	¥11,090	名古屋	¥8,500	¥19,590	
10		2	5/21			¥1,040	名古屋	¥8,500	¥9,540	
11		3	5/22	名古屋	東京	¥11,090			¥11,090	
12		4								

● **CHOOSE関数**

= CHOOSE (インデックス, 値1, 値2, ···)
　　　　　　　　❶　　　　　❷

❶インデックス
❷の値の左から何番目を表示するかを指定します。数値やセルを指定します。
❷値
❶で選択する値を指定します。最大254個まで指定できます。

例)
「日」～「土」から2番目の「休み」を表示する場合

=CHOOSE(2,"日","休み","火","水","木","金","土")

7 数式のエラー表示を回避する

関数 IFERROR（イフエラー）

IFERROR関数を使うと、数式がエラーかどうかをチェックして、エラーの場合は指定の値を返し、エラーでない場合は数式の結果を返すことができます。

●IFERROR関数

=IFERROR（値, エラーの場合の値）

---

❶値
判断の基準となる数式を指定します。

❷エラーの場合の値
数式の結果がエラーの場合に返す値を指定します。

👍 POINT IFNA関数（イフエヌエー）

数式の結果が#N/Aのエラーかどうかをチェックして、#N/Aのエラーの場合は指定の値を返し、#N/Aのエラーでない場合は数式の結果を返します。

●IFNA関数

=IFNA（値, NAの場合の値）

---

❶値
判断の基準となる数式を指定します。

❷NAの場合の値
数式の結果が#N/Aの場合に返す値を指定します。

| F4 | ▼ | : | × | ✓ | fx | =IFERROR(E4/D4,"入力待ち") | |

	A	B	C	D	E	F	G
1		**セミナー開催状況**					
2							
3		**開催日**	**セミナー名**	**定員**	**受講者数**	**受講率**	
4		2020/2/4	日本料理基礎	20	16	0.8	
5		2020/2/5	日本料理応用	20	19	0.95	
6		2020/2/7	洋菓子専門			入力待ち	
7		2020/2/11	イタリア料理基礎			入力待ち	
8		2020/2/17	イタリア料理応用			入力待ち	
9		2020/2/18	フランス料理基礎			入力待ち	
10		2020/2/19	フランス料理応用			入力待ち	
11		2020/2/21	和菓子専門			入力待ち	
12		2020/3/23	中華料理基礎			入力待ち	
13		2020/3/24	中華料理応用			入力待ち	
14		2020/4/2	日本料理基礎			入力待ち	
15		2020/4/4	日本料理応用			入力待ち	
16		2020/4/6	洋菓子専門			入力待ち	
17		2020/4/9	イタリア料理基礎			入力待ち	
18		2020/4/10	イタリア料理応用			入力待ち	
19		2020/4/16	フランス料理基礎			入力待ち	
20		2020/4/17	フランス料理応用			入力待ち	

● セル【F4】に入力されている数式

=IFERROR (E4/D4,"入力待ち")
　　　　　❶　　　❷

❶ 受講者数を定員で割る数式「**E4/D4**」を入力する。

❷ 数式がエラーだった場合、表示する文字列として「**入力待ち**」を入力する。

第4章

日付/時刻関数

1 日付を和暦で表示する

DATESTRING（デイトストリング）

DATESTRING関数を使うと、指定された日付を和暦で表示することができます。

※DATESTRING関数は、《関数の挿入》ダイアログボックスから入力できません。直接入力します。

●DATESTRING関数

=DATESTRING（シリアル値）

❶

---

❶シリアル値
シリアル値または日付のセルを指定します。
※日付を入力する場合は「"（ダブルクォーテーション）」で囲みます。

例1）
セル【A1】に「2020/1/31」と入力されている場合
=DATESTRING（A1）→ 令和02年01月31日

例2）
「2020/1/31」を和暦にする場合
=DATESTRING（"2020/1/31"）→ 令和02年01月31日

※和暦で表示できるのは、1900年1月1日～9999年12月31日までの日付です。

	A	B	C	D	E	F	G
F1				fx	=DATESTRING(C6)		
1					発行日：	令和02年03月13日	
2			注文確認書				
3							
4		株式会社北本電気販売　渋谷店　御中					
5							
6		注文日	2020/3/13				
7		納品日	2020/3/24	※納品には6営業日かかります。			
8							
9		●ご注文商品					
10		型番	商品名	単価	数量	金額	
11		1011	冷蔵庫BR	198,000	5	990,000	
12		1012	冷蔵庫AC	115,000	5	575,000	
13		1023	電子レンジZY	39,000	3	117,000	
14		1041	炊飯ジャーJL	29,800	10	298,000	
15		1071	ジューサーミキサーJM	9,800	3	29,400	
16				小計		2,009,400	
17				消費税	10%	200,940	
18				合計		2,210,340	
19							

●セル【F1】に入力されている数式

```
=DATESTRING(C6)
        ❶
```

❶和暦で表示する日付として注文日のセル【C6】を指定する。
※お使いの環境によっては「平成32年03月13日」と表示されます。

2 土日祝祭日を除く営業日を求める

関数 WORKDAY（ワークデイ）

WORKDAY関数を使うと、指定した日数が経過した日付を、土日や祝祭日などの休日を除いた営業日で求めることができます。

●WORKDAY関数

$$=WORKDAY（開始日, 日数, 祭日）$$

❶　　　　❷　　　❸

---

❶開始日
対象期間の開始日を表す日付またはセルを指定します。

❷日数
計算する日数を指定します。正の数を指定すると開始日以降の日付が求められ、負の数を指定すると開始日以前の日付が求められます。
※小数点以下は切り捨てられ、計算されません。

❸祭日
国民の祝日や夏期休暇など、稼働日数の計算から除外する日付またはセル、セル範囲を指定します。
※省略できます。省略すると土日を除いた日数が求められます。

例）
セル【C3】に納品日を求める場合

C3	▼	:	× ✓	fx	=WORKDAY(C2,3,E3:E6)	
▲	A	B	C	D	E	F	G
1					1月の祝祭日		
2		注文日	2020/1/1		月日	祝日	
3		納品日	2020/1/8		1月1日	元旦	
4		※納品は3営業日後			1月2日	正月休暇	
5					1月3日	正月休暇	
6					1月9日	成人の日	
7							

※求められた日付は、シリアル値で表示されるため表示形式を設定する必要があります。

● セル【C7】に入力されている数式

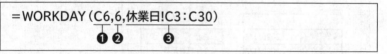

$$=WORKDAY(C6,6,休業日!C3:C30)$$

❶ 開始日を表す日付として注文日のセル【C6】を指定する。

❷ 注文日から「6」営業日後を求めるため「6」を入力する。

❸ 稼働日数の計算から除外する日付として、シート**「休業日」**のセル範囲
【C3：C30】を指定する。

※別シートを参照する場合は「シート名!セルまたはセル範囲」と指定します。
※納品日のセル【C6】には、表示形式「2012/3/14」が設定されています。

3　土日祝祭日を除く日数を求める

関数 NETWORKDAYS（ネットワークデイズ）

NETWORKDAYS関数を使うと、土日や祝祭日などの休日を除いた対象期間から稼働日数を求めることができます。

●NETWORKDAYS関数

＝NETWORKDAYS（開始日, 終了日, 祭日）
　　　　　　　　　　　　　　　❶　　　　❷　　　　❸

---

❶開始日
対象期間の開始日を表す日付またはセルを指定します。

❷終了日
対象期間の終了日を表す日付またはセルを指定します。

❸祭日
国民の祝日や夏期休暇など、稼働日数の計算から除外する日付またはセルを指定します。
※省略できます。省略すると土日を除いた日数が求められます。

例）
セル【B4】に稼働日数を求める場合

C4	▼	⋮ × ✓ fx	=NETWORKDAYS(C2,C3,E3:E6)				
◢	A	B	C	D	E	F	G	H
1					1月の祝祭日			
2		注文日	2020/1/1		月日	祝日		
3		納品日	2020/1/8		1月1日	元旦		
4		稼働日	3		1月2日	正月休暇		
5					1月3日	正月休暇		
6					1月9日	成人の日		
7								

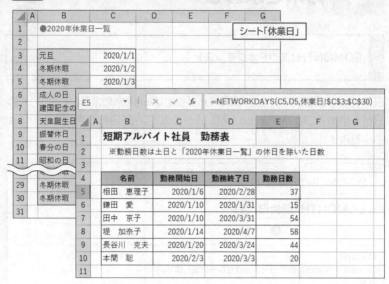

●セル【E5】に入力されている数式

$$= NETWORKDAYS (\underset{❶}{C5}, \underset{❷}{D5}, \underset{❸}{休業日!\$C\$3:\$C\$30})$$

❶開始日を表す日付として勤務開始日のセル【C5】を指定する。

❷終了日を表す日付として勤務終了日のセル【D5】を指定する。

❸稼働日数の計算から除外する日付として、シート「**休業日**」のセル範囲
【C3：C30】を指定する。

※別シートを参照する場合は「シート名!セルまたはセル範囲」と指定します。
※数式をコピーするため、絶対参照で指定します。

| 関数 | EOMONTH（エンドオブマンス） |

EOMONTH関数を使うと、**「当月末」**や**「指定した月数後の末日」**などの月末の日付を求めることができます。月によって30日や31日ある場合も簡単に求められます。

● **EOMONTH関数**

= EOMONTH（開始日, 月）
　　　　　　　 ❶　 ❷

---

❶開始日
対象期間の開始日を表す日付またはセルを指定します。

❷月
計算する月数を指定します。正の数を指定すると開始日以降の日付が求められ、負の数を指定すると開始日以前の日付が求められます。
※小数点以下は切り捨てられ、計算されません。
※当月は「0」を指定します。

例）
セル【C3】に支払期日を求める場合

	A	B	C	D	E	F	G
1							
2		受講日	2020/2/1				
3		支払期日	2020/4/30				
4		※支払期日は2か月後の末日					
5							

C3　　　　　fx　=EOMONTH(C2,2)

※求められた日付は、シリアル値で表示されるため表示形式を設定する必要があります。

	A	B	C	D	E	F	G
C8	▼	:	× ✓ fx	=EOMONTH(F2,1)			
1					請求No：	2015	
2					発行日：	2020/3/13	
3			請求書				
4							
5		株式会社北本電気販売　渋谷店　御中					
6							
7		ご請求金額	¥2,210,340				
8		お支払期限	2020/4/30 ※お支払期限は発行日の翌月末です。				
9							
10		●ご注文商品					
11		型番	商品名	単価	数量	金額	
12		1011	冷蔵庫BR	198,000	5	990,000	
13		1012	冷蔵庫AC	115,000	5	575,000	
14		1023	電子レンジZY	39,000	3	117,000	
15		1041	炊飯ジャーJL	29,800	10	298,000	
16		1071	ジューサーミキサーJM	9,800	3	29,400	
17				小計		2,009,400	
18				消費税	10%	200,940	
19				合計		2,210,340	
20							

●セル【C8】に入力されている数式

= EOMONTH (F2,1)
　　　　　　 ❶　❷

❶発行日のセル【F2】を指定する。

❷発行日から1か月後の末日を求めるため「1」を入力する。

※お支払期限のセル【C8】には表示形式「2012/3/14」が設定されています。

5 指定した日付から今日までの期間を求める

関数
DATEDIF（デイトディフ）
TODAY（トゥデイ）

指定した日付から今日までどれくらいの期間が経過したかを求める場合、DATEDIF関数とTODAY関数を組み合わせて使います。

※DATEDIF関数は、《関数の挿入》ダイアログボックスから入力できません。直接入力します。

●DATEDIF関数

指定した日付から日付までどれくらいの期間が経過したかを求めます。

=DATEDIF（開始日, 終了日, 単位）

❶開始日
対象期間の開始日を表す日付またはセルを指定します。

❷終了日
対象期間の終了日を表す日付またはセルを指定します。
※❶開始日と❷終了日に日付を指定する場合は「"（ダブルクォーテーション）」で囲みます。

❸単位
表示する期間の単位を指定します。
※単位は「"（ダブルクォーテーション）」で囲みます。
※大文字・小文字のどちらでもかまいません。

単位	意味	数式例	結果
Y	期間内の満年数	=DATEDIF("2020/1/1","2021/2/1","Y")	1（年）
M	期間内の満月数	=DATEDIF("2020/1/1","2021/2/1","M")	13（か月）
D	期間内の満日数	=DATEDIF("2020/1/1","2021/2/1","D")	397（日）
YM	1年未満の月数	=DATEDIF("2020/1/1","2021/2/1","YM")	1（か月）
YD	1年未満の日数	=DATEDIF("2020/1/1","2021/2/1","YD")	31（日）
MD	1か月未満の日数	=DATEDIF("2020/1/1","2021/2/1","MD")	0（日）

●TODAY関数

本日の日付を表示できます。

=TODAY（）

引数はありません。「（）」は必ず入力します。

【使用例】 •

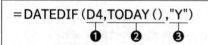

	A	B	C	D	E	F
1		備品使用年数管理表				
2						
3		No.	製品名	購入年月日	使用年数	
4		101	モノクロプリンター C505	2012/9/10	7	
5		102	モノクロプリンター C710	2013/6/10	6	
6		103	カラープリンター VC5000	2014/6/10	5	
7		104	プロジェクター CV-40	2015/10/7	4	
8						

E4 の数式バー: `=DATEDIF(D4,TODAY(),"Y")`

●セル【E4】に入力されている数式

$$=DATEDIF(\underset{❶}{D4},\underset{❷}{TODAY()},\underset{❸}{"Y"})$$

❶購入年月日のセル【D4】を指定する。

❷終了日に本日の日付を表示するためTODAY関数を入力する。

❸使用した年数を求めるため「"Y"」を入力する。

※本書では、本日の日付を「2020年4月1日」としているため、結果が図と異なる場合があります。

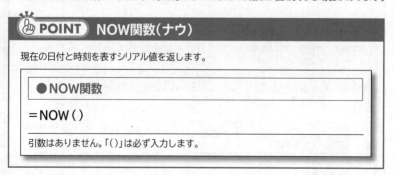

🔅 POINT　NOW関数(ナウ)

現在の日付と時刻を表すシリアル値を返します。

●NOW関数

= NOW ( )

引数はありません。「()」は必ず入力します。

第4章

73

6 翌月15日を求める

関数

DATE（デイト）
YEAR（イヤー）
MONTH（マンス）

支払いの請求日や商品の納品日など、決まった日付を求める場合、DATE関数とYEAR関数、MONTH関数を組み合わせて使います。

●DATE関数

年、月、日のデータから日付を求めます。

$$= DATE（年, 月, 日）$$
　　　　❶　❷　❸

❶年
年を表す数値またはセルを指定します。1900〜9999までの整数で指定します。

❷月
月を表す数値またはセルを指定します。1〜12までの整数で指定します。
※12より大きい数値にした場合、次の年以降の月として計算されます。

❸日
日を表す数値またはセルを指定します。1〜31までの整数で指定します。
※その月の最終日を超える数値にした場合、次の月以降の日付として計算されます。

例）
セル【F8】に受講終了日を求める場合

F8	▼	:	×	✓	fx	=DATE(B1,D1,F6)	

	A	B	C	D	E	F	G	H
1		2020	年	1	月度	受講日程表		
2								
3		コース				受講日		
4		フランス料理基礎				20		
5		フランス料理応用				25		
6		洋菓子専門				31		
7								
8		受講終了日				2020/1/31		
9								

●YEAR関数

1900～9999までの整数で日付に対応する「年」を求めます。

＝YEAR(シリアル値)

❶シリアル値
シリアル値または日付のセルを指定します。
※日付を指定する場合は「"(ダブルクォーテーション)」で囲みます。

例1)
セル【A1】に「2020/1/1」と入力されている場合
=YEAR(A1) → 2020

例2)
「2020/1/31」の「年」を求める場合
=YEAR("2020/1/31") → 2020

●MONTH関数

1～12までの整数で日付に対応する「月」を求めます。

＝MONTH(シリアル値)

❶シリアル値
シリアル値または日付のセルを指定します。
※日付を指定する場合は「"(ダブルクォーテーション)」で囲みます。

例1)
セル【A1】に「2020/1/1」と入力されている場合
=MONTH(A1) → 1

例2)
「2020/1/31」の「月」を求める場合
=MONTH("2020/1/31") → 1

| C8 | ▼ | : | × | ✓ | fx | =DATE(YEAR(F2),MONTH(F2)+1,15) |

▲	A	B	C	D	E	F	G
1					請求No：	2015	
2					発行日：	2020/3/13	
3			請求書				
4							
5		株式会社北本電気販売　渋谷店　御中					
6							
7		ご請求金額	¥2,210,340				
8		お支払期限	2020/4/15	※お支払期限は発行日の翌月15日です。			
9							
10		●ご注文商品					
11		型番	商品名	単価	数量	金額	
12		1011	冷蔵庫BR	198,000	5	990,000	
13		1012	冷蔵庫AC	115,000	5	575,000	
14		1023	電子レンジZY	39,000	3	117,000	
15		1041	炊飯ジャーJL	29,800	10	298,000	
16		1071	ジューサーミキサーJM	9,800	3	29,400	
17				小計		2,009,400	
18				消費税	10%	200,940	
19				合計		2,210,340	
20							

●セル【C8】に入力されている数式

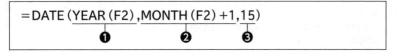

❶ 発行日の年月日から「年」を取り出すため、YEAR関数を入力し、引数に発行日のセル【F2】を指定する。

❷ 発行日の年月日から「月」を取り出すため、MONTH関数を入力し、引数に発行日のセル【F2】を指定する。翌月を求めるため「+1」を入力する。

❸ お支払期限の「15日」を求めるため「15」を入力する。

※お支払期限のセル【C8】には、表示形式「2012/3/14」が設定されています。

7 平日の総勤務時間を合計する

関数	SUMPRODUCT（サムプロダクト） WEEKDAY（ウィークデイ）

SUMPRODUCT関数とWEEKDAY関数を組み合わせると、平日かどうかを判定し、平日分だけの勤務時間の合計を求めることができます。

●SUMPRODUCT関数

指定したセル範囲で相対位置にある数値同士の掛け算を行い、その掛け算の結果の合計を求めます。この関数は「数学/三角関数」に分類されています。

$$=SUMPRODUCT（\underset{❶}{配列1,　配列2,　\cdots}）$$

---

❶配列
数値が入力されているセル範囲を指定します。
※引数は最大255個まで指定できます。
※配列をセル範囲で指定する場合は、同じ行数と列数を持つセル範囲を指定します。

●WEEKDAY関数

日付から曜日の番号を表示します。

$$=WEEKDAY（\underset{❶}{シリアル値},　\underset{❷}{種類}）$$

---

❶シリアル値
日付を表す文字列またはセルを指定します。

❷種類
計算結果の種類を数値で指定します。

種類	計算結果（指定した種類に対応する曜日の番号）						
	月	火	水	木	金	土	日
1	2	3	4	5	6	7	1
2	1	2	3	4	5	6	7
3	0	1	2	3	4	5	6

※省略できます。省略すると「1」を指定したことになります。

POINT 比較式のあるSUMPRODUCT関数のしくみ

比較式の結果、「FALSE」になるセルは「0」となり、「0」は何をかけても「0」になる性質を利用して合計の対象から外しています。

●男性の合計購入数を求める

性別	購入数
男	10
女	5
男	10
女	5

合計購入数
20

性別	判定
男	TRUE
女	FALSE
男	TRUE
女	FALSE

×1

数値化

数値化
1
0
1
0

性別	数値化	購入数
男	1	10
女	0	5
男	1	10
女	0	5

→ 1 × 10
→ 0 × 5
→ 1 × 10
→ 0 × 5

= 合計 20

使用例 •

	E3	▼	:	× ✓ fx	=SUMPRODUCT((WEEKDAY(B7:B37,2)<6)*1,F7:F37)			

	A	B	C	D	E	F	G	H	I
1		勤務実績表（10月）			氏名	鈴木 花子			
2									
3		勤務時間合計（平日）			95:30				
4		勤務時間合計（休日）			43:00				
5									
6		日付		出勤	退勤	勤務時間			
7		10/1	木	10:00	16:00	5:00			
8		10/2	金	11:00	15:00	3:00			
9		10/3	土	9:00	15:30	5:30			
10		10/4	日	10:00	17:00	6:00			
11		10/5	月	9:00	15:00	5:00			
12		10/6	火						
13		10/7	水	9:00	17:00	7:00			
14		10/8	木	10:00	17:30	6:30			
33		10/27	火	11:00	20:00	8:00			
34		10/28	水	11:00	20:00	8:00			
35		10/29	木	10:00	16:00	5:00			
36		10/30	金	11:00	15:00	3:00			
37		10/31	土						
38									

fx =SUMPRODUCT((WEEKDAY(B7:B37,2)>5)*1,F7:F37)

●セル【E3】に入力されている数式

$$=\text{SUMPRODUCT}\underbrace{((\text{WEEKDAY}(\text{B7}:\text{B37},2)<6)}_{\textbf{①}}\underbrace{*1}_{\textbf{②}},\underbrace{\text{F7}:\text{F37})}_{\textbf{③}}$$

❶日付のセル範囲【B7：B37】の曜日を求め、平日であるかどうかを判定する条件式を入力する。WEEKDAY関数の引数の種類に「2」を指定すると、「6」より小さい番号が平日と判定される。

❷❶で求められる論理値が「TRUE」の場合は「1」、「FALSE」の場合は「0」に数値化するため「1」を掛ける。

❸勤務時間のセル範囲【F7：F37】を指定する。❷の結果、「1」になるセルだけを合計する。

●セル【E4】に入力されている数式

$$=\text{SUMPRODUCT}\underbrace{((\text{WEEKDAY}(\text{B7}:\text{B37},2)>5)}_{\textbf{①}}\underbrace{*1}_{\textbf{②}},\underbrace{\text{F7}:\text{F37})}_{\textbf{③}}$$

❶日付のセル範囲【B7：B37】の曜日を求め、休日であるかどうかを判定する条件式を入力する。WEEKDAY関数の引数の種類に「2」を指定すると、「5」より大きい番号が休日と判定される。

❷❶で求められる論理値が「TRUE」の場合は「1」、「FALSE」の場合は「0」に数値化するため「1」を掛ける。

❸勤務時間のセル範囲【F7：F37】を指定する。❷の結果、「1」になるセルだけを合計する。

8 時刻表示を数値に変換する

DAY関数、HOUR関数、MINUTE関数を使うと、時刻表示の勤務時間から時間や分を数値で取り出して、給料などの計算に利用できる勤務時間数を求めることができます。時刻表示は24時間を「1」とするシリアル値で管理されているため数値に変換します。

●DAY関数

日付の「年月日」から「日」を数値として取り出します。また、時刻から24時間を「1」日とする数値に変換して取り出します。

＝DAY（シリアル値）
❶

---

❶シリアル値
日付や時刻を表す文字列またはセルを指定します。
※DAY関数の計算結果は1〜31までの整数で表示されます。

例）
勤務時間から勤務日数に換算する場合

| D3 | ▼ | : | × | ✓ | *fx* | =DAY(C3) |

▲	A	B	C	D	E	F
1		**勤務日数**				
2		氏名	勤務時間	勤務日数		
3		麻生　宏	48:00	2		
4		吉岡　翔	55:00	2		
5		渡辺　航大	18:00	0		

※24時間に満たない時間は切り捨てられます。

●HOUR関数

時刻の「時、分、秒」から「時」を数値として取り出します。

$$=HOUR(\text{シリアル値})$$

❶シリアル値
時刻を表す文字列またはセルを指定します。
※HOUR関数の計算結果は0～23までの整数で表示されます。

例)
時刻表示の利用時間から利用料金を求める場合

D3	▼	:	× ✓	fx	=HOUR(C3)*$C$1	
▲	A	B	C	D	E	F
1		**公民館利用料**	300	円/時間		
2		代表者名	利用時間	利用料金		
3		小松　沙耶	2:00:00	600		
4		湯浅　雪母	3:00:00	900		

※セル【B3】の時刻表示は、「0.08333」という小数点以下の値(シリアル値)で管理されています。
　そこで、HOUR関数で時刻表示の「時」を数値として取り出してから計算に利用します。

●MINUTE関数

時刻の「時、分、秒」から「分」を数値として取り出します。

$$=MINUTE(\text{シリアル値})$$

❶シリアル値
時刻を表す文字列またはセルを指定します。
※MINUTE関数の計算結果は0～59までの整数で表示されます。

例)
時刻表示の「分」を取り出す場合

F3	▼	:	× ✓	fx	=MINUTE(E3)	
▲	A	B	C	D	E	F
1		**所要時間**				
2		交通手段	出発	到着	所要時間	所要時間(分)
3		徒歩	7:55	8:38	0:43	43
4		自転車	8:10	8:36	0:26	26
5		バス	8:22	8:38	0:16	16

使用例 ●

| D4 | ▼ | : | × | ✓ | *fx* | =DAY(C4)*24+HOUR(C4)+MINUTE(C4)/60 |

	A	B	C	D	E	F	G	H
1		**アルバイト給与計算**				2020年4月分		
2								
3		氏名	勤務時間 （時刻表示）	勤務時間 （数値換算）	時給	支給額		
4		青木　悠斗	58:30	58.50	1000	58,500		
5		柿沢　稔	62:45	62.75	1050	65,890		
6		佐藤　優子	42:20	42.33	1030	43,610		
7		田中　康子	45:15	45.25	1030	46,610		
8		戸田　聡史	52:30	52.50	1050	55,130		
9		橋本　泉	46:10	46.17	1070	49,400		
10		藤沢　博美	51:50	51.83	1100	57,020		
11		細田　裕輔	54:00	54.00	1050	56,700		
12				※支給額は、1円単位を切り上げ				
13								

●**セル【D4】に入力されている数式**

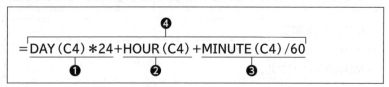

❶時刻表示の勤務時間のセル【C4】からDAY関数を使って日数を求め、「**24**」を掛けて「**時**」単位に換算する。

❷HOUR関数で「**時**」を取り出す。

❸MINUTE関数で「**分**」を取り出し、「**60**」で割って「**時**」単位に換算する。

❹❶❷❸それぞれを合計して時刻表示の勤務時間を数値に変換する。

※HOUR関数は24時間で1日として繰り上がるため、24時間未満の端数の時間しか取り出せません。ここでは、DAY関数で日数を計算します。

第5章

統計関数

1 範囲内の数値を平均する

AVERAGE（アベレージ）

AVERAGE関数を使うと、指定した範囲や数値の平均を求めることができます。《**ホーム**》タブ→《**編集**》グループの $\boxed{\Sigma \; \cdot}$ （合計）の $\boxed{\cdot}$ をクリックして表示される一覧から《**平均**》を選択すると、AVERAGE関数が入力され簡単に平均を求めることができます。

●**AVERAGE関数**

＝AVERAGE（<u>数値1，数値2，・・・</u>）

❶

❶**数値**
平均を求めるセル範囲または数値を指定します。
※引数は最大255個まで指定できます。
※範囲内の文字列や空白セルは計算の対象になりません。

例1）
セル範囲【A1：A10】の平均を求める場合
＝AVERAGE（A1：A10）

例2）
セル範囲【A1：A10】、セル【A15】、100の平均を求める場合
＝AVERAGE（A1：A10,A15,100）

C15	▼	:	× ✓ ƒx	=AVERAGE(C4:C13)	

▲	A	B	C	D	E	F
1		年間売上成績表				
2					単位：千円	
3		氏名	上期売上	下期売上	売上合計	
4		島田　由紀	3,800	4,000	7,800	
5		綾辻　秀人	1,550	2,600	4,150	
6		藤倉　滝緒	2,300	4,700	7,000	
7		遠藤　真紀	4,200	3,600	7,800	
8		京山　秋彦	1,900	1,500	3,400	
9		川原　香織	3,900	2,300	6,200	
10		福田　直樹	4,200	5,800	10,000	
11		斉藤　信也	4,900	4,500	9,400	
12		坂本　利雄	3,100	5,100	8,200	
13		山本　涼子	3,800	3,100	6,900	
14		合計	33,650	37,200	70,850	
15		平均	3,365	3,720	7,085	
16						

●セル【C15】に入力されている数式

=AVERAGE (<u>C4:C13</u>)
         ❶

❶平均を求めるセル範囲【C4：C13】を指定する。

条件を満たす数値を平均する

AVERAGEIF（アベレージイフ）

AVERAGEIF関数を使うと、指定した範囲内で条件を満たしているセルの平均を求めることができます。指定できる条件は1つだけです。

●AVERAGEIF関数

= AVERAGEIF (範囲, 条件, 平均対象範囲)

         ❶   **❷**   **❸**

---

❶範囲
検索の対象となるセル範囲を指定します。

❷条件
検索条件を文字列またはセル、数値、数式で指定します。
※文字列を指定する場合は「"（ダブルクォーテーション）」で囲みます。
※条件にはワイルドカードが使えます。

❸平均対象範囲
平均を求めるセル範囲を指定します。
※範囲内の空白セルは計算の対象になりません。
※省略できます。省略すると❶範囲が対象になります。

👆 POINT ワイルドカードを使った検索

あいまいな条件を設定する場合、「ワイルドカード」を使って条件を入力できます。
使用できるワイルドカードは、次のとおりです。

ワイルドカード	意味
？（疑問符）	同じ位置にある任意の1文字
＊（アスタリスク）	同じ位置にある任意の数の文字列

※通常の文字として「？」や「＊」を検索する場合は、「~？」のように「~（チルダ）」を付けます。

シート「個人成績」

	A	B	C	D	E	F	G	H	I	J
1	留学選考試験結果									
2										
3	受験番号	学籍番号	学年	氏名	学部名	Reading	Writing	Hearing	Speaking	合計
4	1001	H2011028	1	阿部 大吾	法学部	64	84	76	72	296
5	1002	I1910137	1	安藤 緑	医学部	64	68	88	68	288
6	1003	S1908260	2	遠藤 翔	商学部	72	76	88	84	320
7	1004	Z1908091	2	布施 望結	経済学部	80	52	76	56	264
8	1005	Z2009049	1	後藤 伊樹	経済学部	60	52	64	40	216
9	1006	J1910021	2	長谷川 大空	情報学部	36	44	48	52	180
10	1007	J1910010	2	服部 峻也	情報学部	76	88	100	100	364
11	1008	S2009110	1	本田 英央	商学部	72	40	100	80	292
12	1009	H1908121	2	本多 遠也	法学部	24	32	36	56	148
13	1010	N1908128	2	井上 真紀	農学部	56	96	80	76	308
44	1041	B1907028	2	上田 孝司	文学部	76	72	68	80	296
45	1042									

B4	▼	:	× ✓ fx	=AVERAGEIF(個人成績!$E$4:$E$48,学部別!$A4,個人成績!F$4:F$48)
46	1043			
47	1044			
48	1045			
49				

	A	B	C	D	E	F
1	留学試験 学部別平均点					シート「学部別」
2						
3	学部	Reading	Writing	Hearing	Speaking	合計
4	法学部	64.0	62.1	61.5	70.5	258.1
5	経済学部	64.7	54.0	65.3	66.7	250.7
6	商学部	63.2	60.0	68.8	72.0	264.0
7	文学部	56.8	58.4	54.8	66.8	236.8
8	情報学部	64.0	67.0	72.0	79.0	282.0
9	工学部	50.7	49.3	45.3	52.0	197.3
10	農学部	60.0	61.3	60.0	69.3	250.7
11	医学部	62.7	64.0	70.7	74.7	272.0
12						

第5章

●シート「学部別」のセル【B4】に入力されている数式

$$= AVERAGEIF(個人成績!\$E\$4:\$E\$48,学部別!\$A4,個人成績!F\$4:F\$48)$$
　　　　　　　　　❶　　　　　　　　　　❷　　　　　　　　❸

❶ 検索の対象として、シート「**個人成績**」の学部のセル範囲【E4：E48】を指定する。

※別シートを参照する場合は「シート名！セルまたはセル参照」で指定します。
※数式をコピーするため、絶対参照で指定します。

❷ 条件となるセル【A4】を指定する。

※数式をコピーするため、列だけを固定する複合参照で指定します。

❸ 条件を満たす場合に平均する範囲として、シート「**個人成績**」のReadingのセル範囲【F4：F48】を指定する。

※数式をコピーするため、行だけを固定する複合参照で指定します。

複数の条件を満たす数値を平均する

AVERAGEIFS（アベレージイフス）

AVERAGEIFS関数を使うと、複数の条件をすべて満たすセルの平均を求めることができます。AVEREGEIF関数と引数の指定順序が異なります。

●AVERAGEIFS関数

$$=AVERAGEIFS（平均対象範囲, 条件範囲1, 条件1, 条件範囲2, 条件2, \cdots）$$

❶ ❷ ❸ ❹ ❺

---

❶平均対象範囲
複数の条件をすべて満たす場合に、平均するセル範囲を指定します。
※範囲内に文字列や空白セルがあった場合、エラー値「#DIV/0!」を返します。

❷条件範囲1
1つ目の条件によって検索するセル範囲を指定します。

❸条件1
1つ目の条件を文字列またはセル、数値、数式で指定します。
※文字列を指定する場合は「"（ダブルクォーテーション）」で囲みます。
※条件にはワイルドカードが使えます。

❹条件範囲2
2つ目の条件によって検索するセル範囲を指定します。

❺条件2
2つ目の条件を指定します。
※条件が3つ以上ある場合、「,（カンマ）」で区切って指定します。
※条件範囲と条件の組み合わせは、最大127組まで指定できます。

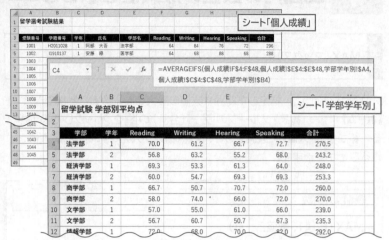

●シート「学部学年別」のセル【C4】に入力されている数式

=AVERAGEIFS(個人成績!F\$4:F\$48,個人成績!\$E\$4:\$E\$48,
　　　　　　　❶　　　　　　　　　　　　❷

学部学年別!\$A4,個人成績!\$C\$4:\$C\$48,学部学年別!\$B4)
　　　❸　　　　　　　　　❹　　　　　　　　　❺

❶複数の条件をすべて満たす場合に平均する範囲として、シート「個人成績」
のReadingのセル範囲【F4:F48】を指定する。

※別シートを参照する場合は「シート名!セルまたはセル参照」と指定します。
※数式をコピーするため、行だけを固定する複合参照で指定します。

❷1つ目の検索の対象として、シート「個人成績」の学部のセル範囲【E4:E48】
を指定する。

※数式をコピーするため、絶対参照で指定します。

❸1つ目の条件となる学部のセル【A4】を指定する。

※数式をコピーするため、列だけを固定する複合参照で指定します。

❹2つ目の検索の対象として、シート「個人成績」の学年のセル範囲【C4:C48】
を指定する。

※数式をコピーするため、絶対参照で指定します。

❺2つ目の条件となる学年のセル【B4】を指定する。

※数式をコピーするため、列だけを固定する複合参照で指定します。

4 範囲内の数値の最大値を求める

MAX（マックス）

MAX関数を使うと、指定した範囲や数値の最大値を求めることができます。
《ホーム》タブ→《編集》グループの $\boxed{\Sigma \cdot}$ （合計）の $\boxed{\cdot}$ をクリックして表示される一覧から《**最大値**》を選択すると、MAX関数が入力され簡単に最大値を求めることができます。

●MAX関数

=MAX（数値1，数値2，・・・）

---

❶数値
最大値を求めるセル範囲または数値を指定します。
※引数は最大255個まで指定できます。
※範囲内の文字列や空白セルは計算の対象になりません。

例1)
セル範囲【A1：A10】の最大値を求める場合
=MAX（A1：A10）

例2)
セル範囲【A1：A10】、セル【A15】、100の最大値を求める場合
=MAX（A1：A10,A15,100）

C11	▾	:	× ✓	fx	=MAX(C4:C9)				

◢	A	B	C	D	E	F	G	H	I	J
1		店舗別売上表								
2									単位：千円	
3			10月	11月	12月	1月	2月	3月	売上合計	
4		日本橋店	860	1,050	900	1,100	1,200	9,800	14,910	
5		銀座店	1,000	900	1,150	1,200	1,150	1,080	6,480	
6		渋谷店	1,100	1,000	950	1,050	1,120	980	6,200	
7		新宿店	950	1,200	1,150	1,250	1,210	1,190	6,950	
8		上野店	850	800	860	800	900	920	5,130	
9		池袋店	920	950	1,000	980	1,100	1,020	5,970	
10		合計	5,680	5,900	6,010	6,380	6,680	14,990	45,640	
11		最高	1,100	1,200	1,150	1,250	1,210	9,800	14,910	
12										

● セル【C11】に入力されている数式

$$=MAX(\underset{❶}{C4:C9})$$

❶ 最大値を求めるセル範囲【C4：C9】を指定する。

🔰 POINT　MIN関数(ミニマム)

指定した範囲や数値の最小値を求めます。

● MIN関数

$$=MIN(\underset{❶}{数値1, 数値2, \cdots})$$

❶数値
最小値を求めるセル範囲または数値を指定します。
※引数は最大255個まで指定できます。
※範囲内の文字列や空白セルは計算の対象になりません。

5 複数の条件を満たす数値の最小値を求める

MINIFS（ミニマムイフス）

MINIFS関数を使うと、複数の条件をすべて満たすセルの中から最小値を表示できます。

●MINIFS関数　2019

$$=MINIFS（\underset{❶}{最小範囲},\ \underset{❷}{条件範囲1},\ \underset{❸}{条件1},\ \underset{❹}{条件範囲2},\ \underset{❺}{条件2},\ \cdots）$$

---

❶最小範囲
最小値を求めるセル範囲を指定します。

❷条件範囲1
1つ目の条件で検索するセル範囲を指定します。

❸条件1
条件範囲1から検索する条件を数値や文字列で指定します。

❹条件範囲2
2つ目の条件で検索するセル範囲を指定します。

❺条件2
条件範囲2から検索する条件を数値や文字列で指定します
※条件範囲と条件の組み合わせは、127個まで指定できます。

例）
セル【H3】にセル範囲【F3：F6】の中から大阪所属の男性の最低点を求める場合

| H3 | ▼ | : | × | ✓ | fx | =MINIFS(F3:F6,D3:D6,"大阪",E3:E6,"男性") | |

◢	A	B	C	D	E	F	G	H	I
1									
2		No.	氏名	所属	性別	点数		大阪所属の男性の最低点	
3		1	赤坂　拓郎	東京	男性	87		57	
4		2	市川　浩太	大阪	男性	57			
5		3	大橋　弥生	東京	女性	68			
6		4	北川　翔	大阪	男性	94			
7									

	A	B	C	D	E	F	G	H	I
E3	▼	:	× ✓ ƒx	=MINIFS($E$11:$E$125,$A$11:$A$125,C3,$D$11:$D$125,D3)					
1	校内体力テスト								
2	●学年別最高記録		学年	性別	50m走 (秒)	立ち幅跳び (cm)	ボール投げ (m)		
3			1	男	8.51				
4			2	男	8.02				
5			3	男	7.96				
6			1	女	9.12				
7			2	女	8.89				
8			3	女	8.99				
9									
10	学年	クラス	出席番号	性別	50m走 (秒)	立ち幅跳び (cm)	ボール投げ (m)		
11	1	1	1	男	8.82	180.70	19.65		
12	1	1	2	女	10.50	162.07	10.38		
13	1	1	3	男	9.32	169.50	8.45		
14	1	1	4	女	9.34	167.27	11.58		
123	3	2	17	女	11.74	165.25	8.28		
124	3	2	18	女	12.64	160.45	10.48		
125	3	2	19	男	10.98	204.15	18.21		
126									

●セル【E3】に入力されている数式

$$=MINIFS(\underline{\$E\$11:\$E\$125},\underline{\$A\$11:\$A\$125},\underline{C3},\underline{\$D\$11:\$D\$125},\underline{D3})$$

❶ ❷ ❸ ❹ ❺

❶条件を満たす場合に最小値を求めるセル範囲【E11：E125】を指定する。
※数式をコピーするため、絶対参照で指定します。

❷1つ目の検索の対象として、学年のセル範囲【A11：A125】を指定する。
※数式をコピーするため、絶対参照で指定します。

❸1つ目の条件となる学年のセル【C3】を指定する。

❹2つ目の検索の対象として、性別のセル範囲【D11：D125】を指定する。
※数式をコピーするため、絶対参照で指定します。

❺2つ目の条件となる性別のセル【D3】を指定する。

MIN関数とIF関数の組み合わせ

MINIFS関数に対応していないバージョンの場合は、「MIN関数」と「IF関数」を組み合わせて（ネスト）、複数の条件をすべて満たすセルの中から最大値を求めることができます。
また、表内の複数のセルを対象にするため、数式は配列数式として入力する必要があります。
MIN関数とIF関数のネストを使うと、使用例の数式は次のように入力します。

●セル【E3】の数式

$$= MIN(IF((\$A\$11:\$A\$125=C3)*(\$D\$11:\$D\$125=D3),\$E\$11:\$E\$125))$$

❷❸　　　　　　　　　❹❺　　　　　　❶

※配列数式内で複数の条件を満たすセルを検索する場合は、「＊（アスタリスク）」を使います。
※配列数式として入力するため、数式を入力後、Ctrl と Shift を押しながら Enter を押します。

E3	▼	:	×	✓	fx	{=MIN(IF((\$A\$11:\$A\$125=C3)*(\$D\$11:\$D\$125=D3),\$E\$11:\$E\$125))}		
	A	B	C	D	E	F	G	H	I
1	校内体力テスト								
2	●学年別最高記録		学年	性別	50m走 (秒)	立ち幅跳び (cm)	ボール投げ (m)		
3			1	男	8.51				
4			2	男	8.02				
5			3	男	7.96				
6			1	女	9.12				
7			2	女	8.89				
8			3	女	8.99				
9									
10	学年	クラス	出席番号	性別	50m走 (秒)	立ち幅跳び (cm)	ボール投げ (m)		
11	1	1	1	男	8.82	180.70	19.65		
12	1	1	2	女	10.50	162.07	10.38		
13	1	1	3	男	9.32	169.50	8.45		
14	1	1	4	女	9.34	167.27	11.58		
15	1	1	5	男	9.32	179.50	18.45		

配列数式

配列数式とは表内の複数のセルやセル範囲の値をまとめて、ひとつの数式で計算できるようにしたものです。複雑な計算をしたり、いくつものセルを使用したりする場合も、配列数式を使うと簡単に計算できます。
配列数式を入力する場合は、数式を入力後、Ctrl と Shift を押しながら Enter を押します。配列数式として入力すると、数式全体が「{}」で囲まれます。

6 複数の条件を満たす数値の最大値を求める

MAXIFS関数を使うと、複数の条件をすべて満たすセルの中から最大値を表示できます。

●MAXIFS関数 `2019`

$$= MAXIFS（\underset{❶}{最大範囲},\ \underset{❷}{条件範囲1},\ \underset{❸}{条件1},\ \underset{❹}{条件範囲2},\ \underset{❺}{条件2},\ ・・・）$$

❶最大範囲
最大値を求めるセル範囲を指定します。

❷条件範囲1
1つ目の条件で検索するセル範囲を指定します。

❸条件1
条件範囲1から検索する条件を数値や文字列で指定します。

❹条件範囲2
2つ目の条件で検索するセル範囲を指定します。

❺条件2
条件範囲2から検索する条件を数値や文字列で指定します。
※条件範囲と条件の組み合わせは、127個まで指定できます。

例）
セル【H3】にセル範囲【F3：F6】の中から大阪所属の男性の最高点を求める場合

H3	▼	:	×	✓	fx	=MAXIFS(F3:F6,D3:D6,"大阪",E3:E6,"男性")		

▲	A	B	C	D	E	F	G	H	I
1									
2		No.	氏名	所属	性別	点数		大阪所属の男性の最高点	
3		1	赤坂　拓郎	東京	男性	87		94	
4		2	市川　浩太	大阪	男性	57			
5		3	大橋　弥生	東京	女性	68			
6		4	北川　翔	大阪	男性	94			
7									

| F3 | ▼ | : | × | ✓ | fx | =MAXIFS(F$11:F$125,$A$11:$A$125,$C3,$D$11:$D$125,$D3) |

▲	A	B	C	D	E	F	G	H	I
1	校内体力テスト								
2	●学年別最高記録		学年	性別	50m走 (秒)	立ち幅跳び (cm)	ボール投げ (m)		
3			1	男	8.51	182.20	19.65		
4			2	男	8.02	197.81	22.35		
5			3	男	7.96	213.15	24.61		
6			1	女	9.12	167.27	12.01		
7			2	女	8.89	168.37	13.98		
8			3	女	8.99	175.85	14.11		
9									
10	学年	クラス	出席番号	性別	50m走 (秒)	立ち幅跳び (cm)	ボール投げ (m)		
11	1	1	1	男	8.82	180.70	19.65		
12	1	1	2	女	10.50	162.07	10.38		
13	1	1	3	男	9.32	169.50	8.45		
14	1	1	4	女	9.34	167.27	11.58		
123	3	2	17	女	11.74	165.25	8.28		
124	3	2	18	女	12.64	160.45	10.48		
125	3	2	19	男	10.98	204.15	18.21		
126									

●セル【F3】に入力されている数式

$$=MAXIFS(\underbrace{F\$11:F\$125}_{❶},\underbrace{\$A\$11:\$A\$125}_{❷},\underbrace{\$C3}_{❸},\underbrace{\$D\$11:\$D\$125}_{❹},\underbrace{\$D3}_{❺})$$

❶条件を満たす場合に最大値を求めるセル範囲【F11:F125】を指定する。
※数式をコピーするため、行だけを固定する複合参照で指定します。

❷1つ目の検索の対象として、学年のセル範囲【A11:A125】を指定する。
※数式をコピーするため、絶対参照で指定します。

❸1つ目の条件となる学年のセル【C3】を指定する。
※数式をコピーするため、列だけを固定する複合参照で指定します。

❹2つ目の検索の対象として、性別のセル範囲【D11:D125】を指定する。
※数式をコピーするため、絶対参照で指定します。

❺2つ目の条件となる性別のセル【D3】を指定する。
※数式をコピーするため、列だけを固定する複合参照で指定します。

POINT　MAX関数とIF関数の組み合わせ

MAXIFS関数に対応していないバージョンの場合は、「MAX関数」と「IF関数」を組み合わせて（ネスト）、複数の条件をすべて満たすセルの中から最大値を求めることができます。
また、表内の複数のセルを対象にするため、数式は配列数式として入力する必要があります。
MAX関数とIF関数のネストを使うと、使用例の数式は次のように入力します。

●セル【F3】の数式

$$= MAX(IF((\$A\$11:\$A\$125=\$C3)*(\$D\$11:\$D\$125=\$D3),F\$11:F\$125))$$

❷❸　　　　　　　　❹❺　　　　　❶

※配列数式内で複数の条件を満たすセルを検索する場合は、「＊（アスタリスク）」を使います。
※配列数式として入力するため、数式を入力後、 Ctrl と Shift を押しながら Enter を押します。

| F3 | ▼ | : | × | ✓ | fx | {=MAX(IF((\$A\$11:\$A\$125=\$C3)*(\$D\$11:\$D\$125=\$D3),F\$11:F\$125))} |

	A	B	C	D	E	F	G	H	I
1	校内体力テスト								
2	●学年別最高記録		学年	性別	50m走 (秒)	立ち幅跳び (cm)	ボール投げ (m)		
3			1	男	8.51	182.20	19.65		
4			2	男	8.02	197.81	22.35		
5			3	男	7.96	213.15	24.61		
6			1	女	9.12	167.27	12.01		
7			2	女	8.89	168.37	13.98		
8			3	女	8.99	175.85	14.11		
9									
10	学年	クラス	出席番号	性別	50m走 (秒)	立ち幅跳び (cm)	ボール投げ (m)		
11	1	1	1	男	8.82	180.70	19.65		
12	1	1	2	女	10.50	162.07	10.38		
13	1	1	3	男	9.32	169.50	8.45		
14	1	1	4	女	9.34	167.27	11.58		
15	1	1	5	男	9.32	179.50	18.45		

POINT　配列数式

配列数式とは表内の複数のセルやセル範囲の値をまとめて、ひとつの数式で計算できるようにしたものです。複雑な計算をしたり、いくつものセルを使用したりする場合も、配列数式を使うと簡単に計算できます。
配列数式を入力する場合は、数式を入力後、 Ctrl と Shift を押しながら Enter を押します。配列数式として入力すると、数式全体が「{}」で囲まれます。

第5章

7 順位を付ける

RANK.EQ（ランクイコール）

RANK.EQ関数を使うと、特定の数値が範囲内で何番目にあたるかを表示できます。指定の範囲内に、重複した数値がある場合は、同じ順位として最上位の順位を表示します。

● RANK.EQ関数

＝RANK.EQ（数値, 参照, 順序）
　　　　　　　　❶　　　❷　　　❸

---

❶数値
順位を付ける数値またはセルを指定します。

❷参照
順位を調べるセル範囲を指定します。

❸順序
順位の付け方を指定します。降順は「0」、昇順は「1」を指定します。
※省略できます。省略すると「0」を指定したことになります。

使用例 ●

F4	▼	：	× ✓	fx	=RANK.EQ(E4,$E$4:$E$13,0)	

▲	A	B	C	D	E	F	G
1		年間売上成績表					
2						単位：千円	
3		氏名	上期売上	下期売上	売上合計	順位	
4		島田　由紀	3,800	4,000	7,800	4	
5		綾辻　秀人	1,550	2,600	4,150	9	
6		藤倉　滝緒	2,300	4,700	7,000	6	
7		遠藤　真紀	4,200	3,600	7,800	4	
8		京山　秋彦	1,900	1,500	3,400	10	
9		川原　香織	3,900	2,300	6,200	8	
10		福田　直樹	4,200	5,800	10,000	1	
11		斉藤　信也	4,900	4,500	9,400	2	
12		坂本　利雄	3,100	5,100	8,200	3	
13		山本　涼子	3,800	3,100	6,900	7	

●セル【F4】に入力されている数式

$$= \text{RANK.EQ} \underset{❶}{(\text{E4}}, \underset{❷}{\$E\$4:\$E\$13}, \underset{❸}{0})$$

❶順位を付ける売上合計のセル【E4】を指定する。

❷順位を調べるセル範囲【E4：E13】を指定する。

※数式をコピーするため、絶対参照で指定します。

❸年間売上の高い人から降順で順位を付けるため「0」を入力する。

🏅POINT RANK.AVG関数（ランクアベレージ）

RANK.EQ関数とRANK.AVG関数はどちらも指定した範囲内で何番目にあたるかを表示します。指定の範囲内に重複した数値がある場合は、それぞれ次のように表示されます。

●RANK.EQ関数の場合

⊿	A	B	C	D	E
1					
2		氏名	得点	順位	
3		中村　蓮	50	1	
4		新島　陽葵	40	2	
5		遠山　陽人	40	2	
6		赤坂　蒼	30	4	
7		神田　咲良	20	5	
8		吉岡　華	10	6	
9					

同順位の最上位が表示される

●RANK.AVG関数の場合

⊿	A	B	C	D	E
1					
2		氏名	得点	順位	
3		中村　蓮	50	1	
4		新島　陽葵	40	2.5	
5		遠山　陽人	40	2.5	
6		赤坂　蒼	30	4	
7		神田　咲良	20	5	
8		吉岡　華	10	6	
9					

同順位の平均値が表示される

●RANK.AVG関数

$$= \text{RANK.AVG} \underset{❶}{(\text{数値}}, \underset{❷}{\text{参照}}, \underset{❸}{\text{順序}})$$

❶数値
順位を付ける数値またはセルを指定します。

❷参照
順位を調べるセル範囲を指定します。

❸順序
順位の付け方を指定します。降順は「0」、昇順は「1」を指定します。
※省略できます。省略すると「0」を指定したことになります。

関数 LARGE（ラージ）

LARGE関数を使うと、範囲内の特定の順位にあたる数値を求めることができます。順位は大きい順（降順）で数えられます。

●LARGE関数

＝LARGE（配列, 順位）
　　　　　❶　　❷

---

❶配列
特定の順位にあたる数値を求めるセル範囲を指定します。
※範囲内の文字列や空白セルは計算の対象になりません。

❷順位
順位を数値またはセルで指定します。

使用例 ●

I4	▼	：	× ✓	fx	=LARGE($F$4:$F$18,H4)				
▲ A	B	C	D	E	F	G	H	I	J
1	絵画展来場者数						開催期間：2/1～2/15		
2									
3	日	曜日	大人	子ども	来場者数		★来場者数Best 3		
4	2/1	土	176	339	515		1	793人	
5	2/2	日	268	290	558		2	756人	
6	2/3	月	194	233	427		3	742人	
7	2/4	火	310	385	695				
8	2/5	水	401	392	793				
9	2/6	木	172	283	455				
10	2/7	金	320	338	658				
11	2/8	土	344	212	556				
12	2/9	日	261	287	548				
13	2/10	月	296	209	505				

●セル【I4】に入力されている数式

=LARGE($F$4:$F$18,H4)

❶　　　　　　❷

❶特定の順位にあたる数値を求める来場者人数のセル範囲【F4:F18】を指
定する。

※数式をコピーするため、絶対参照で指定します。

❷一番多い来場者人数を求めるため「1」が入力されているセル【H4】を指
定する。

※来場者人数を求めるセル範囲【I4:I6】には、表示形式「#,##0"人"」が設定されています。

👆 POINT　SMALL関数（スモール）

範囲内の特定の順位にあたる数値を求めます。順位は小さい順（昇順）で数えられます。

●SMALL関数

=SMALL(配列, 順位)

　　　　❶　　❷

---

❶配列
特定の順位にあたる数値を求めるセル範囲を指定します。
※範囲内の文字列や空白セルは計算の対象になりません。

❷順位
順位を数値またはセルで指定します。

---

9 空白以外のセルの個数を求める

関数 COUNTA（カウントエー）

COUNTA関数を使うと、指定した範囲内で数値や文字列などデータの種類に関係なく、データが入力されているすべてのセルの個数を求めることができます。

●COUNTA関数

$$=COUNTA(\underset{❶}{値1,\ 値2,\ \cdots})$$

---

❶値
データが入力されているセルの個数を求めるセル範囲を指定します。
※引数は最大255個まで指定できます。

使用例 •

C18	▼ :	× ✓ fx	=COUNTA(C4:C17)				
◢ A	B	C	D	E	F	G	H
1	ダンスコース日程表						
2							
3	日程	モダン初級	モダン上級	クラシック初級	クラシック上級	指導者養成	
4	2月1日	●		●			
5	2月2日	●					
6	2月3日		●		●	●	
7	2月4日	●	●	●	●	●	
8	2月5日		●		●		
9	2月6日	●		●		●	
10	2月7日		●		●		
11	2月8日	●		●			
12	2月9日	●		●			
13	2月10日	●	●	●	●	●	
14	2月11日		●		●	●	
15	2月12日	●		●			
16	2月13日		●		●	●	
17	2月14日	●	●		●		
18	開催回数	9	8	8	8	6	
19							

●セル【C18】に入力されている数式

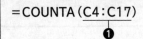

=COUNTA(C4:C17)
         ❶

❶ データが入力されているセルの個数を求めるモダン初級のセル範囲【C4：C17】を指定する。

🖐 POINT　COUNT関数（カウント）

指定した範囲内で数値データが入力されているセルの個数を求めます。

●COUNT関数

=COUNT(値1, 値2, ・・・)
         ❶

❶ 値
数値データが入力されているセルの個数を求めるセル範囲を指定します。
※引数は最大255個まで指定できます。

🖐 POINT　COUNTBLANK関数（カウントブランク）

指定した範囲内で空白セルの個数を求めます。

●COUNTBLANK関数

=COUNTBLANK(範囲)
         ❶

❶ 範囲
空白セルの個数を求めるセル範囲を指定します。

10 条件を満たすセルの個数を求める

関数 COUNTIF（カウントイフ）

COUNTIF関数を使うと、指定した範囲内で条件を満たしているセルの個数を求めることができます。指定できる条件は1つだけです。

● COUNTIF関数

＝COUNTIF（範囲, 検索条件）
　　　　　　❶　　 ❷

---

❶範囲
検索の対象となるセル範囲を指定します。
❷検索条件
検索条件を文字列またはセル、数値、数式で指定します。
※文字列を指定する場合は「"（ダブルクォーテーション）」で囲みます。
※条件にはワイルドカードが使えます。

C16	▼	:	×	✓	fx	=COUNTIF(C$3:C$12,$B16)			

	A	B	C	D	E	F	G	H	I	J
1		アンケート集計（個別）								
2		No.	質問1	質問2	質問3		アンケート（質問項目）			
3		10010	A	B	A					
4		10020	A	B	A		質問1　Excelを使いますか			
5		10030	C	A	B		A：よく使う			
6		10040	A	A	A		B：たまに使う			
7		10050	B	C	B		C：ほとんど使わない			
8		10060	A	C	A		質問2　Wordを使いますか			
9		10070	A	B	A		A：よく使う			
10		10080	B	A	B		B：たまに使う			
11		10090	B	C	C		C：ほとんど使わない			
12		10100	A	A	C					
13							質問3　Accessを使いますか			
14		アンケート集計（全体）					A：よく使う			
15		回答	質問1	質問2	質問3		B：たまに使う			
16		A	6	4	5		C：ほとんど使わない			
17		B	3	3	3					
18		C	1	3	2					
19										

● セル【C16】に入力されている数式

$$=COUNTIF(\underbrace{C\$3:C\$12}_{①},\underbrace{\$B16}_{②})$$

① 検索の対象となる質問1のセル範囲【C3：C12】を指定する。

※数式をコピーするため、行だけを固定する複合参照で指定します。

② 条件となるセル「B16」を指定する。

※数式をコピーするため、列だけを固定する複合参照で指定します。

11 重複しているデータを探し出す

IF（イフ）
COUNTIF（カウントイフ）

IF関数とCOUNTIF関数を組み合わせて使うと、重複したデータを探すことができます。

● IF関数

指定した条件を満たしている場合と満たしていない場合の結果を表示できます。この関数は「論理関数」に分類されています。

$$= IF（\underset{❶}{論理式}, \underset{❷}{真の場合}, \underset{❸}{偽の場合}）$$

---

❶ 論理式
判断の基準となる数式を指定します。

❷ 真の場合
❶の結果が真の場合の処理を数値または数式、文字列で指定します。

❸ 偽の場合
❶の結果が偽の場合の処理を数値または数式、文字列で指定します。
※❷真の場合と❸偽の場合が文字列の場合は「"（ダブルクォーテーション）」で囲みます。

● COUNTIF関数

指定した範囲内で条件を満たしているセルの個数を求めます。

$$= COUNTIF（\underset{❶}{範囲}, \underset{❷}{検索条件}）$$

---

❶ 範囲
検索の対象となるセル範囲を指定します。

❷ 検索条件
検索条件を文字列またはセル、数値、数式で指定します。
※文字列を指定する場合は「"（ダブルクォーテーション）」で囲みます。
※条件にはワイルドカードが使えます。

| F4 | ▼ | : | × ✓ *fx* | =IF(COUNTIF($C$4:$C$13,C4)>1,"重複","") |

▲	A	B	C	D	E	F	G	H	I
1		**モニター申込者一覧**							
2									
3		No.	氏名	年齢	職業	重複確認欄			
4		1	遠藤　直子	38	会社員				
5		2	大川　雅人	24	公務員	重複			
6		3	梶本　修一	48	会社員				
7		4	桂木　真紀子	22	学生				
8		5	木村　進	59	会社員	重複			
9		6	小泉　優子	62	その他				
10		7	大川　雅人	24	公務員	重複			
11		8	島田　翔	32	会社員				
12		9	木村　進	59	会社員	重複			
13		10	辻井　秀子	25	公務員				
14									

第5章

● セル【F4】に入力されている数式

＝IF（COUNTIF（$C$4：$C$13,C4）>1,"重複",""）
　　　　　❶　　　　　　　　　　　　　　　　❷　　❸

❶「氏名のセル範囲【C4：C13】の中で、セル【C4】と同じデータが2つ以上ある」

　という条件を入力する。

※数式をコピーするため、絶対参照で指定します。

※COUNTIF関数で、重複を求めるセル範囲【C4：C13】を指定し、セル【C4】と同じデータの個
　数を求めるため「>1」を入力します。

❷条件を満たしている場合、表示する文字列として「"重複"」を入力する。

❸条件を満たしていない場合、何も表示しないため「" "」を入力する。

COUNTIFS関数を使うと、複数の条件を満たしているセルの個数を求めることができます。

●COUNTIFS関数

=COUNTIFS(検索条件範囲1, 検索条件1, 検索条件範囲2, 検索条件2, …)

　　　　　　　　❶　　　　　　❷　　　　　　❸　　　　　　❹

---

❶検索条件範囲1
1つ目の検索条件によって検索するセル範囲を指定します。

❷検索条件1
1つ目の検索条件を文字列またはセル、数値、数式で指定します。
※文字列を指定する場合は「"（ダブルクォーテーション）」で囲みます。
※条件にはワイルドカードが使えます。

❸検索条件範囲2
2つ目の検索条件によって検索するセル範囲を指定します。

❹検索条件2
2つ目の検索条件を指定します。
※検索条件が3つ以上ある場合、「,（カンマ）」で区切って指定します。
※検索条件範囲と検索条件のペアは、最大127組まで指定できます。

使用例 •

	D2	▼		× ✓	fx	=COUNTIFS(D5:D27,B2,F5:F27,C2)	

▲	A	B	C	D	E	F	G
1		会員種別	住所	会員数			
2		プラチナ	横浜市*	3			
3							
4		会員No.	氏名	会員種別	郵便番号	住所1	住所2
5		1001	大月 賢一郎	ゴールド	249-00XX	逗子市桜山XXX	
6		1002	佐々木 喜一	一般	236-00XX	横浜市金沢区白帆XXX	
7		1003	畑 香奈子	一般	227-00XX	横浜市青葉区たちばな台XXX	
8		1004	野村 桜	プラチナ	230-00XX	横浜市鶴見区朝日町XXX	朝日グランドスクエア1103
9		1005	横山 花梨	一般	241-08XX	横浜市旭区今宿町XXX	
10		1006	和田 光輝	プラチナ	248-00XX	鎌倉市材木座XXX	
11		1007	野中 敏也	一般	244-08XX	横浜市戸塚区南舞岡XXX	
12		1008	山城 まり	ゴールド	233-00XX	横浜市港南区上大岡東XXX	イーストパーク上大岡805
13		1009	坂本 誠	一般	244-08XX	横浜市戸塚区平戸町XXX	
14		1010	布施 友香	一般	243-00XX	厚木市温水XXX	
15		1011	井戸 剛	プラチナ	221-08XX	横浜市神奈川区片倉XXX	
16		1012	星 龍太郎	ゴールド	235-00XX	横浜市磯子区汐見台XXX	
17		1013	宍戸 真智子	一般	235-00XX	横浜市磯子区杉田XXX	フローレンスタワー2801
18		1014	天野 真未	一般	236-00XX	横浜市金沢区能見台XXX	
19		1015	大木 花実	一般	235-00XX	横浜市磯子区田中XXX	ダイヤモンドマンション405
20		1016	牧田 博	一般	214-00XX	川崎市多摩区寺尾台XXX	
21		1017	香川 泰男	一般	247-00XX	鎌倉市関谷XXX	
22		1018	村瀬 稔彦	ゴールド	226-00XX	横浜市緑区竹山XXX	明日館331
23		1019	草野 萌子	一般	224-00XX	横浜市都筑区加賀原XXX	
24		1020	小川 正一	一般	222-00XX	横浜市港北区鳥山町XXX	
25		1021	近藤 真央	一般	231-00XX	横浜市中区伊勢佐木町XXX	
26		1022	坂井 早苗	プラチナ	236-00XX	横浜市金沢区高船台XXX	
27		1023	鈴木 保一	一般	240-00XX	横浜市保土ヶ谷区花見台XXX	花見台一番館722
28							

●セル【D2】に入力されている数式

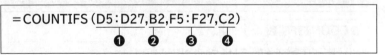

$$=COUNTIFS\,(\underset{❶}{D5:D27},\underset{❷}{B2},\underset{❸}{F5:F27},\underset{❹}{C2})$$

❶1つ目の検索の対象となる会場種別のセル範囲【D5：D27】を指定する。

❷1つ目の条件となる「プラチナ」のセル【B2】を指定する。

❸2つ目の検索の対象となる住所1のセル範囲【F5：F27】を指定する。

❹2つ目の条件となる「横浜市＊」のセル【C2】を指定する。

13 頻繁に現れる数値の出現回数を求める

関数 MODE.SNGL（モードシングル）
COUNTIF（カウントイフ）

指定した範囲内で最も多く出現する値（最頻値）を求めるには、MODE.
SNGL関数を使います。最頻値は、収集したデータがどこに集中している
のかを把握するのに役立ちます。最頻値が出現した回数を求めるには、
COUNTIF関数を使います。

● MODE.SNGL関数

=MODE.SNGL（数値1, 数値2, ・・・）
❶

❶数値
数値またはセルやセル範囲を指定します。
※引数は最大254個まで指定できます。
※範囲内の文字列や空白は計算の対象になりません。
※最頻値が2個以上あるときは、データが先に並んでいる方の値が求められます。
※最頻値がない（重複するデータがない）場合は、「#N/A」が表示されます。

例）
引数に指定したデータの中で最頻値を求める場合
=MODE.SNGL（1,3,3,5,7,5,8,9,5,3）→ 3
※「3」と「5」が、ともに3回ずつ出現していますが、データが先に並んでいる「3」が最頻値と
して求められます。

● COUNTIF関数

指定した範囲内で条件を満たしているセルの個数を求めます。

=COUNTIF（範囲, 検索条件）
❶　　　❷

❶範囲
検索の対象となるセル範囲を指定します。
❷検索条件
検索条件を文字列またはセル、数値、数式で指定します。
※文字列を指定する場合は「"（ダブルクォーテーション）」で囲みます。
※条件にはワイルドカードが使えます。

| A7 | ▼ | : | × | ✓ | fx | =MODE.SNGL(A12:A36) | | | | | |

	A	B	C	D	E	F	G	H	I	J	K	L
1	A社株価分析				基本データ	証券No.	XX01				買付日：	2020/1/10
2						決算期	3月					
3						配当	10	円／株				
4	●2019年データ											
5	最頻値											
6	1月	2月	3月	4月	5月	6月	7月	8月	9月	10月	11月	12月
7	255	275	310	348	321	322	350	365	370	378	374	391
8	出現回数											
9	6	6	4	5	5	4	4	5	6	7	4	
10	過去25営業日の株価データ											
11	1月	2月	3月	4月	5月	6月	7月	8月	9月	10月	11月	12月
12	213	243	325	348	345	322	359	360	370	378	374	391
13	262	325	339	349	321	322	350	362	379	370	380	411
14	255	318	327	308	344	329	375	363	373	373	376	389
15	252	238	310	312	343	350	379	365	377	378	371	363
16	255	237	310	370	356	365	350	365	378	374	374	409
17	258	275	312	316	338	312	380	363	370	372	370	386
18	250	334	339	364	352	316	364	368	375	378	373	412
19	253	233	303	348	321	322	369	366	378	372	374	385
20	255	275	310	357	368	314	364	360	378	371	380	367
22	268	282	324	348	310	322	363	365	370	370	380	391
23	267	305	326	324	358	372	350	370	380	380	376	402
34	269	334	273	376	336	357	371	368	372	370	375	383
35	264	275	265	362	321	343	362	366	370	372	376	419
36	260	295	240	348	336	346	373	361	378	377	374	404

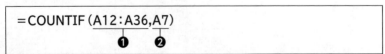

fx　=COUNTIF(A12:A36,A7)

●セル【A7】に入力されている数式

$$=MODE.SNGL(\underset{❶}{A12:A36})$$

❶ 1月の株価の最頻値を求めるためセル範囲【A12：A36】を指定する。

●セル【A9】に入力されている数式

$$=COUNTIF(\underset{❶}{A12:A36},\underset{❷}{A7})$$

❶ 検査の対象となる1月の株価が入力されているセル範囲【A12：A36】を指定する。

❷ 条件となるセル【A7】を指定する。

POINT COUNTIF関数とMODE.SNGL関数の組み合わせ

検索条件
|
=COUNTIF（範囲, MODE.SNGL（範囲））

指定した範囲内で最頻値と一致するデータの個数（最頻値の出現回数）を求めます。
※COUNTIF関数とMODE.SNGL関数の引数の範囲には、同じセル範囲を指定します。

POINT 平均値と最頻値

平均値と最頻値の値を比較すると収集したデータの分布を把握することができます。

例）
1か月の平均株価265円、最頻値255円の場合
平均株価は、データ内の一部に高値があると、高値側に偏りますが、実際には255円の日が多かったことを表します。このように、平均値が最頻値を上回る場合は、データの一部に平均値を引上げるほどの高い値が存在することを表しています。

POINT 最頻値と出現回数

最頻値は、収集したデータの中で一番多く出現する値を把握するのに役立ちます。一方、最頻値の出現回数は、収集したデータが最頻値にどの程度集中しているのかという、データの集中の度合いを把握することができます。出現回数が多いほど、最頻値に集中しているといえます。

14 頻度分布を求める

FREQUENCY（フリークエンシー）

FREQUENCY関数を使うと、指定した間隔の中でデータの頻度分布を求めることができます。FREQUENCY関数は配列数式として入力するため、最初に頻度分布を表示する範囲を選択してから数式を入力し、 Ctrl と Shift を押しながら Enter を押します。

●FREQUENCY関数

=FREQUENCY（データ配列, 区間配列）

❶データ配列
頻度分布を求めるデータのセル範囲を指定します。
※範囲内の文字列や空白セルは計算の対象になりません。

❷区間配列
❶のデータ配列で指定した範囲を分類する間隔（区間）のセル範囲を指定します。
※求められるデータの個数は、区間配列で指定したデータの個数よりもひとつ多くなります。

例）
セル範囲【C3：C6】に入力された「点数」をもとに、セル範囲【E3：E5】で指定した間隔の頻度分布をセル範囲【G3：G6】に求める場合

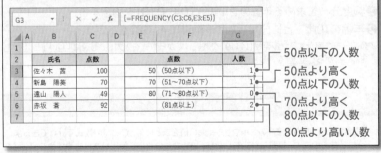

I4		:	×	✓	fx	{=FREQUENCY(D4:D18,G4:G8)}		

	A	B	C	D	E	F	G	H	I	J
1		**モニター申込者世代別分布表**								
2										
3		No.	氏名	年齢	職業		年代		人数	
4		1	遠藤 直子	38	会社員		20	（20歳以下）	1	
5		2	大川 雅人	24	公務員		30	（21〜30歳以下）	5	
6		3	梶本 修一	48	会社員		40	（31〜40歳以下）	4	
7		4	桂木 真紀子	22	学生		50	（41〜50歳以下）	2	
8		5	木村 進	59	会社員		60	（51〜60歳以下）	2	
9		6	小泉 優子	62	その他			（61歳以上）	1	
10		7	佐山 薫	29	会社員					
11		8	島田 翔	32	会社員					
12		9	辻井 秀子	25	公務員					
13		10	浜崎 秋緒	51	会社員					
14		11	平野 篤志	27	自営業					
15		12	本多 紀江	20	学生					
16		13	松山 智明	34	公務員					
17		14	森本 武史	36	会社員					
18		15	山野 恵津子	45	主婦					
19										

● セル【I4】に入力されている数式

$$=\text{FREQUENCY}(\underset{❶}{D4:D18},\underset{❷}{G4:G8})$$

❶ 頻度分布を求める年齢のセル範囲【D4：D18】を指定する。

❷ 年齢を10歳ごとに分類したセル範囲【G4：G8】を指定する。

※頻度分布を表示するセル範囲【I4：I9】を選択してから数式を入力し、最後に Ctrl と Shift を押しながら Enter を押します。

👆 POINT 配列数式

配列数式とは表内の複数のセルやセル範囲の値をまとめて、ひとつの数式で計算できるようにしたものです。複雑な計算をしたり、いくつものセルを使用したりする場合も、配列数式を使うと簡単に計算できます。

配列数式を入力する場合は、数式を入力後、 Ctrl と Shift を押しながら Enter を押します。配列数式として入力すると、数式全体が「{}」で囲まれます。

15 極端な数値を除いた平均を求める

収集したデータの中には、特別な条件や何らかのミスが原因で、ほかのデータから極端にかけ離れた値（外れ値）が含まれることがあります。例えば、平均年収は、一部の高所得者層を含めて計算すると値が大きくなり、極端に低い層を含めて計算すると値が小さくなります。このように、外れ値を含めた平均値は外れ値側に偏ることがあります。TRIMMEAN関数を使うと、数値データ全体から上限と下限の外れ値を除いた平均値を求めることができます。

●TRIMMEAN関数

＝TRIMMEAN（配列, 割合）
　　　　　　　　　❶　　　❷

---

❶配列
数値が入力されているセル範囲を指定します。

❷割合
計算対象から除外する割合を0以上1未満の数値またはセルで指定します。計算対象から除外されるデータ数は、❶配列のデータ数に❷割合を掛けた値で、小数点以下は切り捨てられます。

例）
測定結果の上限と下限のデータを10%ずつ除いた平均を求める場合
※上下10%ずつ除外する場合は、割合に「0.2」（20%）を指定します。

C7	▼	:	× ✓	f_x	=TRIMMEAN(A2:C5,0.2)	
▲	A	B	C	D	E	
1		測定結果				
2	0	100	102			
3	110	103	105			
4	1005	106	104			
5	106	108	98			
6						
7	上下10%の値を除いた平均値		**104.2**			
8						

※データ数「12」の割合「0.2」は「2.4」になるため、上下1個ずつのデータが除外されます。

A8	▼		×	✓	fx	=TRIMMEAN(A13:A37,$A$6)					
▲	A	B	C	D	E	F	G	H	I	J	K	L
1	A社株価分析				基本	証券No.	XX01				買付日：	2020/1/10
2					データ	決算期	3月					
3						配当	10	円／株				
4	●2019年データ											
5					上下10%を除外した株価平均							
6							0.2					
7	1月	2月	3月	4月	5月	6月	7月	8月	9月	10月	11月	12月
8	263.5	290.6	299.0	340.1	334.8	333.1	364.9	365.0	375.5	374.0	374.9	391.1
9					前月差累計（当月-前月+前月累計）							
10		27.1	35.5	76.6	71.3	69.6	101.4	101.4	112.0	110.5	111.3	127.6
11					過去25営業日の株価データ							
12	1月	2月	3月	4月	5月	6月	7月	8月	9月	10月	11月	12月
13	213	243	325	348	345	322	359	360	370	378	374	391
14	262	325	339	349	321	322	350	362	379	370	380	411
15	255	318	327	308	344	329	375	363	373	373	376	389
16	252	238	310	312	343	350	379	365	377	378	371	363
		35	27	37	336	357	371	368	372	370	375	33
36	264	275	265	362	321	343	362	366	370	372	376	419
37	260	295	240	348	336	346	373	361	378	377	374	404
38												

●セル【A8】に入力されている数式

= TRIMMEAN (A13 : A37, $A$6)
　　　　　　　❶　　　　　❷

❶ 平均を求めるためのセル範囲【A13：A37】を指定する。

❷ 平均を求める対象から除外する割合のセル【A6】を指定する。

※数式をコピーするため、絶対参照で指定します。

🔆 POINT TRIMMEAN関数の割合

割合を「0」にすると、すべてのデータが計算対象となり、平均を求めるAVERAGE関数と
同じ計算結果になります。

また、除外される外れ値のデータ数は、「配列で指定したデータ数×除外する割合」の計算
結果が偶数か奇数かによって異なります。

データ数×割合	除外されるデータ数
偶数	計算結果を半分にしてデータの上限と下限からそれぞれ除外
奇数	計算結果を半分にして、小数点以下を切り捨てたあと、データの上限と下限からそれぞれ除外

16 範囲内の数値の中央値を求める

MEDIAN（メジアン）

MEDIAN関数を使うと、指定した範囲のデータを順番に並べたときの中央の位置にある値（中央値）を求めることができます。中央値は、収集したデータの分布の中心を表します。例えば、100点満点の試験の中央値が80点とすると、全体の半数が80点以上を得点したことがわかります。

●MEDIAN関数

=MEDIAN（数値1, 数値2, ・・・）

---

❶数値
数値またはセルやセル範囲を指定します。
※引数は最大255個まで指定できます。
※指定したデータの数が偶数個の場合は、中央の2つの値の平均が中央値となります。

例）
奇数個のデータの中央値を求める場合
=MEDIAN（1,2,40,5,8,6,4）→ 5
※引数のデータを順番に並べたときの4番目の数値（「5」）が中央値です。

例）
偶数個のデータの中央値を求める場合
=MEDIAN（1,2,40,5,8,6,4,10）→ 5.5
※引数のデータを順番に並べたときの4番目（「5」）と5番目（「6」）の平均（（5+6）/2=5.5）が中央値です。

	A7	▼	:	×	✓	fx	=MEDIAN(A10:A34)					

	A	B	C	D	E	F	G	H	I	J	K	L	M
1	A社株価分析					基本 データ	証券No.	XX01			買付日：	2020/1/10	
2							決算期	3月					
3							配当	10 円／株					
4	●2019年データ												
5							中央値						
6	1月	2月	3月	4月	5月	6月	7月	8月	9月	10月	11月	12月	
7	258	293	303	345	336	329	364	365	377	373	374	391	
8						過去25営業日の株価データ							
9	1月	2月	3月	4月	5月	6月	7月	8月	9月	10月	11月	12月	
10	213	243	325	348	345	322	359	360	370	378	374	391	
11	262	325	339	349	321	322	350	362	379	370	380	411	
12	255	318	327	308	344	329	375	363	373	373	376	389	
13	252	238	310	312	343	350	379	365	377	378	371	363	
14	255	237	310	370	356	365	350	365	378	374	374	409	
15	258	275	312	316	338	312	380	363	370	372	370	386	
16	250	334	339	364	352	316	364	368	375	378	373	412	
17	253	233	303	348	321	322	369	366	378	372	374	385	
28	255	275	264	313	326	310	364	368	379	378	374	366	
29	263	333	278	338	344	350	351	367	374	374	374	383	
30	295	310	260	307	310	336	350	363	378	372	370	414	
31	299	253	284	317	310	365	370	360	377	371	376	374	
32	269	334	273	376	336	357	371	368	372	370	375	383	
33	264	275	265	362	321	343	362	366	370	372	376	419	
34	260	295	240	348	336	346	373	361	378	377	374	404	
35													

●セル【A7】に入力されている数式

```
=MEDIAN(A10:A34)
         ❶
```

❶中央値を求めるセル範囲【A10：A34】を指定する。

👆 POINT 平均値と中央値

平均値と中央値を比較すると収集したデータの分布を把握することができます。

例）
1か月の平均株価265円、中央値258円の場合
258円を境に、この金額より低い日と高い日が半分ずつあります。一方、中央値より平均株価が高いことから、データの一部に高値が存在すると推察できます。このように、平均値は、データの一部に高い値があると、その高い値の影響を受けて値が偏りますが、中央値は、データ数のちょうど半分の場所に位置するデータのため、値の大きさによる影響は受けません。

17 偏差値を求める

関数 STDEV.P（スタンダード・ディビエーション・ピー）
AVERAGE（アベレージ）

STDEV.P関数を使うと、データのばらつき具合を求めることができます。データのばらつき具合を数値化したものを**「標準偏差」**といいます。試験成績の指標に利用される**「偏差値」**は平均値と標準偏差をもとに計算します。

●STDEV.P関数

引数を母集団全体として標準偏差を返します。

=STDEV.P (<u>数値1, 数値2, ・・・</u>)
　　　　　❶

❶数値
数値が入力されているセル範囲を指定します。
※引数は最大254個まで指定できます。

※AVERAGE関数については、P.84を参照してください。

 POINT 偏差値

偏差値は、STDEV.P関数で求める標準偏差とAVERAGE関数で求めるデータの平均値を使って、「50＋10×（データ－平均値）/標準偏差」で計算します。
※「（データ－平均値）/標準偏差」はデータの標準化の数式です。データの標準化とは、平均を「0」、標準偏差を「1」としたときの換算値です。偏差値は、平均が「50」、標準偏差が「10」になるように定めるため、平均に「50」を加えて、標準偏差を「10」倍して調整します。

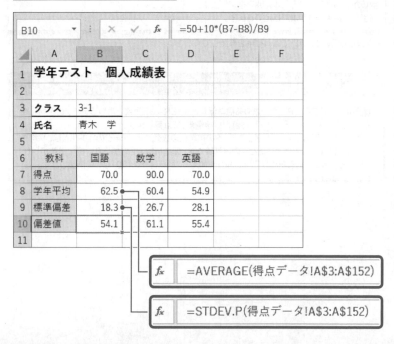

	A	B	C	D
1	\multicolumn{3}{c}{得点データ}		シート「得点データ」
2	国語	数学	英語	
3	70	90	80	
4	70	48	94	
5	33	64	76	
6	69	84	19	
7	42	24	92	
8	33	62	60	
9	88	97	11	
10	80	90	28	
149	48	34	54	
150	36	36	51	
151	50	79	22	
152	56	10	96	
153				

B10　　×　✓　f_x　=50+10*(B7-B8)/B9

	A	B	C	D	E	F
1	学年テスト　個人成績表					
2						
3	クラス	3-1				
4	氏名	青木　学				
5						
6	教科	国語	数学	英語		
7	得点	70.0	90.0	70.0		
8	学年平均	62.5	60.4	54.9		
9	標準偏差	18.3	26.7	28.1		
10	偏差値	54.1	61.1	55.4		
11						

f_x　=AVERAGE(得点データ!A\$3:A\$152)

f_x　=STDEV.P(得点データ!A\$3:A\$152)

●セル【B8】に入力されている数式

=AVERAGE（<u>得点データ!A\$3：A\$152</u>）
               ❶

❶平均点を求めるため、シート「**得点データ**」のセル範囲【A3：A152】を指定する。

※別シートを参照する場合は「シート名！セルまたはセル参照」で指定します。
※数式をコピーするため、行だけを固定する複合参照で指定します。

●セル【B9】に入力されている数式

=STDEV.P（<u>得点データ!A\$3：A\$152</u>）
                 ❶

❶標準偏差を求めるため、シート「**得点データ**」のセル範囲【A3：A152】を指定する。

※別シートを参照する場合は「シート名！セルまたはセル参照」で指定します。
※数式をコピーするため、行だけを固定する複合参照で指定します。

●セル【B10】に入力されている数式

=<u>50+10＊（B7−B8）/B9</u>
  ❶

❶平均値のセル【B8】と標準偏差のセル【B9】を使って偏差値を求める数式を指定する。

※セル【B8】とセル【B9】の数式の内容をセル【B10】に入力して組み合わせると、「=50+10＊（B7−AVERAGE（得点データ!A\$3：A\$152））/STDEV.P（得点データ!A\$3：A\$152）」となり、セル【B8】、セル【B9】を使わずに求めることもできます。

🅟 POINT STDEV.P関数とSTDEV.S関数の違い

どちらも標準偏差を求める関数ですが、計算対象にするデータが異なります。

●STDEV.P関数

計算対象は分析用に収集した全データです。

※ただし、収集したデータの一部を利用する場合でも、条件を付けて抽出したデータなど、ひとまとまりのデータとして考えられる場合は、「全データ」とみなしてこの関数を利用することができます。なお、このひとつのまとまりと考えられるデータのことを「母集団」といいます。

例)

学校内全体の身長データの中の1年生の身長データの分析

「1年生の身長データ」は、全データ（学校内全体の身長データ）の一部ですが、1年生を分析の対象にしている場合は、「1年生の身長データ」を母集団と考えることができます。

●STDEV.S関数

計算対象は全データから抽出した標本データです。標本データとは、分析用に収集した全データから無作為に抽出した一部のデータのことです。例えば、国勢調査などデータが膨大で分析に時間や費用がかかりすぎる場合や全数調査が不可能な場合のデータに利用します。

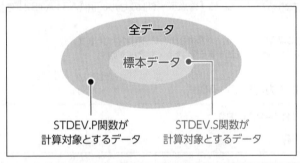

STDEV.P関数が
計算対象とするデータ

STDEV.S関数が
計算対象とするデータ

🅟 POINT STDEV.S関数（スタンダード・ディビエーション・エス）

引数を標本として、母集団の標準偏差の推定値を返します。

> **●STDEV.S関数**
>
> =STDEV.S(<u>数値1, 数値2, ･･･</u>)
>   ❶

❶数値
数値が入力されているセル範囲を指定します。
※引数は最大254個まで指定できます。

第**6**章

検索/行列関数

1 途中データを削除しても常に連番を表示する

関数 ROW（ロウ）

ROW関数を使うと、指定したセルの行番号を求めることができます。例えば、ROW関数を使って番号を入力すると、連番が振られている表からデータを1行削除したり、挿入したりしても常に連番を表示することができます。

●ROW関数

$$=ROW（参照）$$

❶

---

❶参照
行番号を求めるセルまたはセル範囲を指定します。
※省略できます。省略するとROW関数が入力されているセルの行番号が求められます。
※セル範囲を指定した場合は、指定した範囲の先頭行の行番号が求められます。

使用例 •

B4	▼	:	×	✓	fx	=ROW()-3

◢	A	B	C	D	E	F	G	H
1		健康管理セミナー出席者名簿						
2								
3		No.	名前	部署名	内線			
4		1	梅田由紀	第2営業部	831			
5		2	佐々木歩	経理部	101			
6		3	戸祭律子	総務部	230			
7		4	中山香里	第1営業部	500			
8		5	久米信行	第1営業部	517			
9		6	大川麻子	開発部	930			
10		7	亀山聡	人事部	290			
11		8	只木卓也	総務部	224			
12		9	新井美紀	第1営業部	569			
13		10	前山孝信	第1営業部	564			
14		11	緑川博史	第2営業部	812			

●セル【B4】に入力されている数式

=ROW()−3

❶ROW関数が入力されているセルの行番号を求めるため引数は省略し、表の4行目から開始番号「1」を振るために「−3」を入力する。

🍯 POINT COLUMN関数(コラム)

指定したセルの列番号を求めます。

```
●COLUMN関数

=COLUMN(参照)
       ❶
```

❶参照
列番号を求めるセルまたはセル範囲を指定します。
※省略できます。省略するとCOLUMN関数が入力されているセルの列番号が求められます。
※セル範囲を指定した場合は、指定した範囲の先頭列の列番号が求められます。

2 1行おきに色を付ける

関数 MOD（モッド）
ROW（ロウ）

多くの項目が並ぶ表では、1行おきに色を付けると見やすくなります。MOD
関数とROW関数を**「条件付き書式」**と組み合わせて使うと、偶数行または奇
数行だけに書式を設定できます。

●MOD関数

割り算の余りを求めます。この関数は「数学/三角関数」に分類されています。

$$=MOD（数値, 除数）$$

❶数値
割り算の分子（割られる数）を指定します。

❷除数
割り算の分母（割る数）を指定します。

例)
13を5で割った余りを求める場合
＝MOD（13,5）→ 3

●ROW関数

指定したセルの行番号を求めます。

$$=ROW（参照）$$

❶参照
行番号を求めるセルまたはセル範囲を指定します。
※省略できます。省略するとROW関数が入力されているセルの行番号が求められます。
※セル範囲を指定した場合は、指定した範囲の先頭行の行番号が求められます。

	A	B	C	D	E	F	G	H	I	J
1		**アルバイト勤務時間表（～4月まで）**								
2									単位：時間	
3		No.	名前	店舗名	1月	2月	3月	4月	合計	
4		1	高本　正志	新宿店	15	10	14	12	51	
5		2	上野　秀	新宿店	13	14.5	12	10	49.5	
6		3	台場　沙希	渋谷店	5	7	8	4	24	
7		4	加納　陽菜	品川店	5	18	12	10	45	
8		5	鈴木　有香	品川店	11.5	10	12.5	11	45	
9		6	和田　俊夫	品川店	5	6	6	5	22	
10		7	辻本　卓也	横浜店	11	12	10	11	44	
11		8	矢野　かおり	横浜店	10	11.5	10.5	11	43	
12		9	沼沢　知美	市川店	7	8	8	8	31	
13		10	本城　聡	市川店	5.5	5	4.5	6	21	
14		11	秋野　加絵	新宿店	20	18.5	18	19	75.5	
15		12	松宮　征夫	川崎店	6	10	8.5	6.5	31	
16										

●条件を満たすセルに色を付ける

◆セル範囲【B3：I15】を選択→《ホーム》タブ→《スタイル》グループの 条件付き書式 ▾ （条件付き書式）→《新しいルール》→《ルールの種類を選択してください》の一覧から《数式を使用して、書式設定するセルを決定》を選択→《次の数式を満たす場合に値を書式設定》に数式を入力→《書式》→《塗りつぶし》タブ→色の一覧から任意の色を選択→《OK》→《OK》

第6章

●条件付き書式の条件に設定されている数式

$$=MOD(\underbrace{ROW()}_{❶},\underbrace{2}_{❷})\underbrace{=0}_{❸}$$

❶割り算の分子として行番号を求めるため、ROW関数を入力する。

❷割り算の分母として「2」を入力する。

❸「行番号を2で割った余りが0（偶数）」かどうかを判断するため「=0」を入力する。

※条件付き書式に「偶数行である場合」という条件を入力し、その条件と一致する場合は色を付けます。

POINT QUOTIENT関数（クオウシェント）

QUOTIENT関数を使うと、割り算の商の整数部分を求めることができます。

●QUOTIENT関数

分子を分母で割ったときの商の整数部を返します。商の余り（小数部）を切り捨てます。

$$=QUOTIENT(\underbrace{分子}_{❶},\underbrace{分母}_{❷})$$

❶分子
割られる数値やセルを指定します。

❷分母
割る数値やセルを指定します。

例）
13を5で割った商の整数部を求める場合
=QUOTIENT（13,5）

関数

VLOOKUP（ブイルックアップ）

VLOOKUP関数を使うと、キーとなるコードや番号に該当するデータを参照表から検索し、対応する値を表示できます。参照表は左端の列にキーとなるコードや番号を縦方向に入力しておく必要があります。

●VLOOKUP関数

=VLOOKUP（**検索値, 範囲, 列番号, 検索方法**）
      ❶   ❷   ❸   ❹

---

❶検索値
キーとなるコードや番号が入力されているセルを指定します。

❷範囲
参照表があるセル範囲を指定します。

❸列番号
参照表の左端から何番目の列を参照するかを指定します。

❹検索方法
「FALSE」または「TRUE」を指定します。

FALSE	完全に一致するものだけを検索する
TRUE	検索値の近似値を含めて検索する

※省略できます。省略すると「TRUE」を指定したことになります。
※「TRUE」を指定する場合は、参照表の左端の列にある値を昇順に並べておく必要があります。

例）
セル【D3】に入力された「所属コード」をもとに、セル範囲【G3：I5】の1列目を検索して値が一致するとき、その行の左端列から2列目のデータをセル【E3】に表示する場合

| E3 | ▼ | ： | ✕ | ✓ | *fx* | =VLOOKUP(D3,$G$3:$I$5,2,FALSE) |

▲	A	B	C	D	E	F	G	H	I
1							●所属マスター		
2		No.	氏名	所属コード	所属		所属コード	所属	課
3		1	堀井　亮太	1001	総務		1001	総務	人事
4							1002	経理	経理
5							1003	営業	営業1課

| D4 | ▼ | : | × | ✓ | fx | =VLOOKUP(C4,$I$4:$K$12,2,FALSE) |

	A	B	C	D	E	F	G	H
1		商品売上台帳						
2							単位：円	
3		日付	型番	商品名	価格	数量	金額	
4		2/1	A1200	森の積み木	7,800	7	54,600	
5		2/2	A1350	電動ペット	20,000	12	240,000	
6		2/3	F1250	ミニ輪投げ	3,225	14	45,150	
7		2/4	F1270	くねくねコースター	6,300	9	56,700	
8		2/5	K1220	トレインセット	6,400	8	51,200	
9		2/6	C1005	子供用電気自動車	15,000	3	45,000	
10		2/7	A1200	森の積み木				
11		2/8	A1350	電動ペット				
12		2/9	F1250	ミニ輪投げ				
13		2/10	C1005	子供用電気自動車				
14		2/11	C1007	ターボラジコン				
15		2/12	K1220	トレインセット				
16		2/13	J2300	キッズ英語ビデオセ				
17		2/14	A1200	森の積み木				
18		2/15	A1350	電動ペット				
19		2/16	C1007	ターボラジコン				
20		2/17	K1220	トレインセット				
21								

H	I	J	K
	型番	商品名	価格
	C1005	子供用電気自動車	15,000
	C1007	ターボラジコン	5,000
	K1005	子供用天体望遠鏡	25,000
	K1220	トレインセット	6,400
	J2300	キッズ英語ビデオセット	30,000
	A1200	森の積み木	7,800
	A1350	電動ペット	20,000
	F1250	ミニ輪投げ	3,225
	F1270	くねくねコースター	6,300

●セル【D4】に入力されている数式

=VLOOKUP(C4,$I$4:$K$12,2,FALSE)
　　　　　❶　　❷　　　　　❸　❹

❶ キーとなる型番のセル【C4】を指定する。

❷ 参照表があるセル範囲【I4：K12】を指定する。

※数式をコピーするため、絶対参照で指定します。

❸ 参照する商品名の列番号は「2」列目のため「2」を入力する。

❹ 完全に一致するものだけを検索するため「FALSE」を指定する。

参照表が横方向に入力されている場合は、HLOOKUP関数を使います。参照表は上端の行にキーとなるコードや番号を入力しておく必要があります。

> **● HLOOKUP関数**
>
>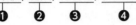
>
> = HLOOKUP (**検索値, 範囲, 行番号, 検索方法**)
>   ❶   ❷   ❸   ❹

❶検索値
キーとなるコードや番号が入力されているセルを指定します。

❷範囲
参照表があるセル範囲を指定します。

❸行番号
参照表の上端から何番目の行を参照するかを指定します。

❹検索方法
「FALSE」または「TRUE」を指定します。

FALSE	完全に一致するものだけを検索する
TRUE	検索値の近似値を含めて検索する

※省略できます。省略すると「TRUE」を指定したことになります。
※「TRUE」を指定する場合は、参照表の上端の行にある値を昇順に並べておく必要があります。

例）
セル【B3】に入力された「地域区分」をもとに、セル範囲【I2：K4】の1行目を検索して値が一致するとき、その列の上端行から3行目のデータをセル【D3】に表示する場合

D3	▼	:	×	✓	fx	=HLOOKUP(B3,$I$2:$K$4,3,FALSE)				
▲	A	B	C	D	E	F	G	H	I	J	K
1								●出張費マスター			
2		地域区分	出張区分	日当	日数	合計		地域区分	A	B	C
3		B	遠地	¥5,000	3	¥15,000		出張区分	近地	遠地	海外
4								日当	¥500	¥5,000	¥10,000
5											
6											

第6章

131

4 参照表から目的のデータを取り出す（2）

LOOKUP（ルックアップ）

LOOKUP関数を使うと、キーとなるコードや番号に該当するデータを参照表の任意の1行（1列）の検査範囲から検索し、対応する値を表示できます。

●LOOKUP関数

$$=LOOKUP（\underset{❶}{\underline{検査値}}, \underset{❷}{\underline{検査範囲}}, \underset{❸}{\underline{対応範囲}}）$$

---

❶検査値
キーとなるコードや番号が入力されているセルを指定します。

❷検査範囲
参照表の1行（1列）のセル範囲を指定します。
※セル範囲は昇順に並べておく必要があります。

❸対応範囲
検査範囲に対応するセル範囲を指定します。
※❸対応範囲は❷検査範囲と隣接している必要はありませんが、❷検査範囲と同じセルの数のセル範囲にする必要があります。
※省略できます。省略すると❷検査範囲が対象になります。

例）
セル【B2】をもとに、セル範囲【E5：E9】を検索して値が一致するとき、セル範囲【C5：C9】の中で対応している位置にあるデータをセル【C2】に表示する場合

| C2 | ▼ | : | × | ✓ | fx | =LOOKUP(B2,E5:E9,C5:C9) |

◢	A	B	C	D	E	F	G
1		商品コード	小売価格				
2		1030	100				
3							
4		商品名	小売価格	仕入原価	商品コード		
5		ボールペン（黒）	100	45	1010		
6		ボールペン（赤）	100	45	1020		
7		ボールペン（青）	100	45	1030		
8		修正液（テープ型）	300	180	2010		
9		修正液（ペン型）	250	140	2020		

● セル【C5】に入力されている数式

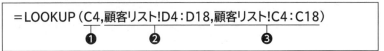

$$=LOOKUP(\underset{❶}{C4},\underset{❷}{顧客リスト!D4:D18},\underset{❸}{顧客リスト!C4:C18})$$

❶ キーとなるお客様No.のセル【C4】を指定する。

❷ 参照表があるシート「**顧客リスト**」の顧客No.が入力されているセル範囲
【**D4：D18**】を指定する。

※別シートを参照する場合は「シート名!セルまたはセル参照」で指定します。

❸ 検査範囲に対応する範囲として、シート「**顧客リスト**」の顧客名が入力され
ているセル範囲【**C4：C18**】を指定する。

※別シートを参照する場合は「シート名!セルまたはセル参照」で指定します。

第6章

関数	VLOOKUP（ブイルックアップ） INDIRECT（インダイレクト）

VLOOKUP関数は、検索値をもとに、ひとつの参照表からデータを検索します。INDIRECT関数は文字列を関数で利用できるように変換できるため、VLOOKUP関数と組み合わせると、複数の参照表を自動的に切り替えて、データを検索することができます。

●INDIRECT関数

参照文字列（セル）に入力されている文字列の参照値を返します。

＝INDIRECT（<u>参照文字列</u>, <u>参照形式</u>）

---

❶参照文字列
文字列が入力されているセルを指定します。

❷参照形式
参照文字列で指定されたセルに含まれるセル参照の種類を「TRUE」または「FALSE」で指定します。
「TRUE」を指定すると「A1形式」で参照し、「FALSE」を指定すると「R1C1形式」で参照します。
※省略できます。省略すると「TRUE」を指定したことになります。

例）
セル【B5】に「C10」、セル【C10】に「ABC」と入力されている場合
＝INDIRECT（B5）→ ABC

※VLOOKUP関数についてはP.129を参照してください。

📖POINT　参照形式

セル参照をA1のようにA列の1行目と指定する方式を「A1形式」といい、列・行の両方に番号を指定する形式を「R1C1形式」といいます。R1C1形式では、Rに続けて行番号を、Cに続けて列番号を指定します。

🖐POINT VLOOKUP関数とINDIRECT関数の組み合わせ

$$= VLOOKUP(検索値, \underbrace{INDIRECT(参照文字列)}_{範囲}, 列番号, 検索方法)$$

あらかじめ複数の参照表のセル範囲にそれぞれ名前を設定しておき、設定した名前をセルに入力します。その名前をINDIRECT関数を使って、VLOOKUP関数の引数「範囲」に利用できるように変換します。セルに入力された文字列が変わるたびにVLOOKUP関数で参照する範囲が切り替わります。

例)
品名と一致する単価を表示する場合
※参照する範囲にはそれぞれ、名前「名刺」、名前「はがき」、名前「封筒」が設定されています。

●セル【F4】に入力されている数式

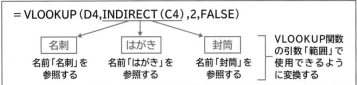

= VLOOKUP (D4,INDIRECT (C4) ,2,FALSE)

名刺	はがき	封筒	VLOOKUP関数の引数「範囲」で使用できるように変換する
名前「名刺」を参照する	名前「はがき」を参照する	名前「封筒」を参照する	

※C列の区分名と名前は完全に一致している必要があります。

第6章

| F4 | | ▼ | : | × | ✓ | *fx* | =VLOOKUP(D4,INDIRECT(C4),2,FALSE) | |

	A	B	C	D	E	F	G	H	I	J
1		売上明細					2020/4/3			
2									名刺	100枚あたり
3		No.	区分	品名	単位数(100枚/1単位)	単価	小計		種類	料金
4		1	名刺	片面・黒	2	1,500	3,000		片面・黒	1,500
5		2	封筒	片面・黒	3	5,000	15,000		片面・フルカラー	1,700
6		3	名刺	片面・フルカラー	1	1,700	1,700		両面・黒	1,800
7		4	はがき	片面・3色	3	8,700	26,100		両面・フルカラー	2,500
8		5	封筒	片面・2色	5	10,000	50,000			
9		6	封筒	片面・黒	6	5,000	30,000		はがき	100枚あたり
10		7	名刺	両面・フルカラー	2	2,500	5,000		種類	料金
11		8	はがき	両面・黒	5	6,500	32,500		片面・黒	5,800
12		9	封筒	両面・黒	1	1,800	1,800		片面・3色	8,700
13		10	封筒	片面・フルカラー	4	18,500	74,000		片面・2色	7,600
14									両面・黒	6,500
15									両面・フルカラー	9,800
16										
17									封筒	100枚あたり
18									種類	料金
19									片面・黒	5,000
20									片面・2色	10,000
21									片面・フルカラー	18,500

● セル【F4】に入力されている数式

$$=VLOOKUP\ (\underset{❶}{D4},\underset{❷}{INDIRECT\ (C4)},\underset{❸}{2},\underset{❹}{FALSE})$$

❶ 検索値のセル【D4】を指定する。

❷ 参照表を切り替えるため、INDIRECT関数を使って、名前と同じ文字列が入力されているセル【C4】を指定する。

※セル範囲【I4：J7】には名前「名刺」、セル範囲【I11：J15】には名前「はがき」、セル範囲【I19：J21】には名前「封筒」が設定されています。

❸ ❷で変換された文字列に該当する名前の参照表の2列目の値を表示するため、列番号は「2」を指定する。

❹ 完全に一致するものだけを検索するため「FALSE」を指定する。

🏅 POINT　関数の引数に名前を使用

セルやセル範囲に「名前」を定義して、関数の引数として使うことができます。
関数の引数に名前を使うと、広範囲にわたるセル範囲や複数の範囲を指定する手間を省くことができ、数式も簡潔でわかりやすくなります。セル範囲が変わった場合でも、名前が参照しているセル範囲を変更するだけで、数式を修正する必要はありません。
セルやセル範囲に名前を定義する方法は、次のとおりです。

◆ セル範囲を選択→名前ボックスに名前を入力→ Enter

POINT 複数のシートにまたがるデータをひとつのシートに転記

VLOOKUP関数の参照範囲にINDIRECT関数を使って、シート名を含めて指定すると、複数のシートのデータをひとつのシートに簡単に転記できます。

例)
シート別に作成した3店舗の売上表をもとに、シート「全店集計」に3店舗の売上合計をまとめる

シート参照範囲

$$=VLOOKUP(\$A3, \boxed{INDIRECT(B\$2\&"!A3:F9")}, 6, FALSE)$$

※シート「全店集計」の列見出しの店舗名と各シートのシート名を一致させておきます。
※文字列演算子「&（アンパサンド）」は、&の前後の文字をつなぐときに使います。
※INDIRECT関数の引数に指定した「シート名&"!範囲"」は、「シート名!範囲」という
　VLOOKUP関数の参照範囲に利用できる値に変換されます。この値の変化に合わせて、
　VLOOKUP関数の参照範囲を切り替えます。

6 ランダムな値に対するデータを取り出す

VLOOKUP（ブイルックアップ）
RANDBETWEEN（ランドビトウィーン）

RANDBETWEEN関数は、指定した範囲の中でランダム値（乱数）を返します。このランダム値をVLOOKUP関数の検索値に組み合わせると、ランダムに選ばれた顧客番号（検索値）をもとに氏名を表示するといった抽選などに利用することができます。

●RANDBETWEEN関数

指定した最小値、最大値の範囲からランダムな整数の値を返します。この関数は「数学/三角関数」に分類されています。

＝RANDBETWEEN（最小値, 最大値）

❶最小値
ランダムに変化させる整数の最小値の数値またはセルを指定します。
❷最大値
ランダムに変化させる整数の最大値の数値またはセルを指定します。

※VLOOKUP関数についてはP.129を参照してください。

👆POINT VLOOKUP関数とRANDBETWEEN関数の組み合わせ

VLOOKUP関数の検索値にRANDBETWEEN関数を組み合わせると、ランダムにデータを取り出すことができます。

＝VLOOKUP（RANDBETWEEN（最小値, 最大値）, 範囲, 列番号, FALSE）
❶　　　　　　　　　　　　　　　　　　❷

❶RANDBETWEEN関数の最小値と最大値には、検索する範囲の最初のセルの値と最後のセルの値を指定します。
❷❶で求めた数値をVLOOKUP関数の検索値として、指定した範囲の中から表示したい列番号のデータを検索して取り出します。

| F2 | ▼ | : | × | ✓ | *fx* | =VLOOKUP(RANDBETWEEN(A3,A23),A3:B23,2,FALSE) |

▲	A	B	C	D	E	F	G
1	抽選対象者					今月の当選者	
2	No.	顧客名	都道府県	住所		作田 裕次郎	様
3	1	麻木 良美	東京都	練馬区立野町X-X-X			
4	2	加藤 裕子	東京都	中央区入船X-X-X			
5	3	瀬川 恵美	埼玉県	所沢市東狭山ヶ丘X-X			
6	4	立花 五月	東京都	練馬区関町南X-X-X			
7	5	橋本 博美	東京都	三鷹市上連雀X-X-X			
8	6	関 孝太郎	茨城県	つくば市赤塚X-X-X			
9	7	戸倉 奈津美	石川県	加賀市荒木町X-X-X			
10	8	作田 裕次郎	東京都	稲城市大丸X-X-X			
19	17	井口 健二	山梨県	甲斐市牛句X-X-X			
20	18	岡田 透	山梨県	韮崎市旭町上条南割X-X-X			
21	19	加藤 謙	岐阜県	大垣市青野町X-X-X			
22	20	佐野 篤志	高知県	高知市青柳町X-X-X			
23	21	田上 康平	福岡県	福岡市博多区相生町X-X-X			
24							

●セル【F2】に入力されている数式

$$=VLOOKUP\underbrace{(RANDBETWEEN(A3,A23)}_{①},\underbrace{A3:B23}_{②},\underbrace{2}_{③},\underbrace{FALSE}_{④})$$

❶RANDBETWEEN関数を使って、最小値に顧客データのNo.の先頭のセル
【A3】を指定し、最大値に末尾のセル【A23】を指定する。

❷参照表があるセル範囲【A3:B23】を指定する。

❸参照する列番号は「2」列目のため「2」を入力する。

❹完全に一致するものだけを検索するため「FALSE」を指定する。

🖐 POINT データの更新

RANDBETWEEN関数で求めたランダム値は、次のタイミングで再計算され、新しいランダム値に更新されます。

| ●ブックを開く | ●セルを編集する | ● F9 を押す |

一度決定したデータが自動的に更新されないようにするには、計算方法を手動に切り替えて、ブックを保存する前に再計算が実行されないようにします。
計算方法を手動に切り替え、保存時に再計算されないように設定する方法は、次のとおりです。
◆《ファイル》タブ→《オプション》→《数式》→《計算方法の設定》の《⦿手動》→《☐ブックの保存前に再計算を行う》

入力に応じてリストを切り替える

INDIRECT（インダイレクト）

リストを使って、データを入力する場合、項目ごとに入力用リストを指定しておくと、データの誤入力を防ぐことができます。**「入力規則」**にINDIRECT関数を設定すると、入力する項目ごとにリストを切り替えることができます。

●INDIRECT関数

＝INDIRECT（参照文字列, 参照形式）

---

❶参照文字列
文字列が入力されているセルを指定します。

❷参照形式
参照文字列で指定されたセルに含まれるセル参照の種類を「TRUE」または「FALSE」で指定します。
「TRUE」を指定すると「A1形式」で参照し、「FALSE」を指定すると「R1C1形式」で参照します。
※省略できます。省略すると「TRUE」を指定したことになります。

POINT 参照形式

セル参照をA1のようにA列の1行目と指定する方式を「A1形式」といい、列・行の両方に番号を指定する形式を「R1C1形式」といいます。R1C1形式では、Rに続けて行番号を、Cに続けて列番号を指定します。

POINT 入力規則のリストを自動的に切り替える

入力用リストとして表示するセル範囲に名前を付けておき、「部門」に入力されたデータに応じて、「種別」や「担当」のリストに切り替わるよう、INDIRECT関数を入力規則に設定します。

= INDIRECT（部門名のセル）

例)
「種別」に名前「健康食品」を入力用リストとして表示する場合

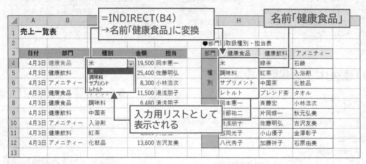

同じ部門の種別と担当の範囲名を区別します。INDIRECT関数の引数には文字列演算子と文字列を組み合わせて名前を指定します。

= INDIRECT（部門名のセル&"担当"）

例)
「担当」に名前「健康食品担当」を入力用リストとして表示する場合

使用例 ●

	A	B	C	D	E	F	G	H	I	J
1	売上一覧表									
2							●部門別取扱種別・担当表			
3	日付	部門	種別	金額	担当		部門	健康食品	健康飲料	アメニティー
4	4月3日	健康食品	米	19,500	岡本憲一		種別	米	緑茶	石鹸
5	4月3日	健康飲料	調味料	25,400	佐藤明弘			調味料	紅茶	入浴剤
6	4月3日	アメニティー	サプリメント	8,300	小林浩次			サプリメント	中国茶	化粧品
7	4月3日	健康食品	レトルト	11,500	湯浅朋子			レトルト	ブレンド茶	タオル
8	4月3日	健康食品	調味料	6,480	湯浅朋子		担当	岡本憲一	斉藤宏	小林浩次
9	4月3日	健康飲料	中国茶	12,500	小山優子			笹部祐二	片岡修一	秋元弘美
10	4月3日	アメニティー	入浴剤	9,980	金澤彰子			湯浅朋子	佐藤明弘	吉沢友美
11	4月3日	健康飲料	紅茶	6,520	斉藤宏			富岡光子	小山優子	金澤彰子
12	4月3日	アメニティー	化粧品	13,600	吉沢友美			八代秀子	加藤祥子	石原由美
13										

●「種別」に入力規則を設定する

◆ セル範囲【C4：C12】を選択→《データ》タブ→《データツール》グループの ![アイコン]（データの入力規則）→《設定》タブ→《入力値の種類》の ∨ →一覧から《リスト》を選択→《元の値》に関数を入力→《OK》

●入力規則に設定されている数式

$$= INDIRECT(B4)$$

❶《元の値》にINDIRECT関数を入力する。INDIRECT関数の引数は部門のセル【B4】を指定する。

※セル範囲【H4：H7】には名前「健康食品」、セル範囲【I4：I7】には名前「健康飲料」、セル範囲【J4：J7】には名前「アメニティー」が設定されています。

142

▲	A	B	C	D	E	F	G	H	I	J	
1	売上一覧表										
2							●部門別取扱種別・担当表				
3	日付	部門	種別	金額	担当		部門	健康食品	健康飲料	アメニティー	
4	4月3日	健康食品	米	19,500	岡本憲一			米	緑茶	石鹸	
5	4月3日	健康飲料	紅茶	25,400	岡本憲一		種	調味料	紅茶	入浴剤	
6	4月3日	アメニティー	石鹸	8,300	笹部祐二 湯浅朋子		別	サプリメント	中国茶	化粧品	
7	4月3日	健康食品	サプリメント	11,500	富岡光子 八代秀子			レトルト	ブレンド茶	タオル	
8	4月3日	健康食品	調味料	6,480	湯浅朋子			岡本憲一	斉藤宏	小林浩次	
9	4月3日	健康飲料	中国茶	12,500	小山優子			笹部祐二	片岡修一	秋元弘美	
10	4月3日	アメニティー	入浴剤	9,980	金澤彰子		担	湯浅朋子	佐藤明弘	吉沢友美	
11	4月3日	健康飲料	紅茶	6,520	斉藤宏		当	富岡光子	小山優子	金澤彰子	
12	4月3日	アメニティー	化粧品	13,600	吉沢友美			八代秀子	加藤祥子	石原由美	
13											

●「担当」に入力規則を設定する

データの入力規則 ? ×

設定 入力時メッセージ エラー メッセージ 日本語入力

条件の設定
入力値の種類(A):
リスト ☑ 空白を無視する(B)
☑ ドロップダウン リストから選択する(I)
データ(D):
次の値の間
元の値(S):
=INDIRECT(B4&"担当")

□ 同じ入力規則が設定されたすべてのセルに変更を適用する(P)

すべてクリア(C) OK キャンセル

◆ セル範囲【E4：E12】を選択→《データ》タブ→《データツール》グループの （データの入力規則）→《設定》タブ→《入力値の種類》の → 一覧から《リスト》を選択→《元の値》に関数を入力→《OK》

●入力規則に設定されている数式

=INDIRECT(B4&"担当")
❶

❶《元の値》にINDIRECT関数を入力する。INDIRECT関数の引数は部門のセル【B4】と「&（アンパサンド）」、文字列「担当」を指定する。文字列「担当」は「"（ダブルクォーテーション）」で囲む。

※セル範囲【H8：H12】には名前「健康食品担当」、セル範囲【I8：I12】には名前「健康飲料担当」、セル範囲【J8：J12】には名前「アメニティー担当」が設定されています。

8 データに対応するセルの位置を求める

MATCH関数を使うと、指定した範囲内でデータを検索して、一致した値に
対する相対的な位置を求めることができます。

●MATCH関数

＝MATCH（検査値, 検査範囲, 照合の種類）

---

❶検査値
検索する値またはセルを指定します。
❷検査範囲
検査値を検索するセル範囲を指定します。
❸照合の種類
検査値を探す方法を指定します。

照合の種類を指定する方法は、次のとおりです。

照合の種類	検査方法
1	検査値を超えない最大値を検査範囲内で検索し、その値が入力されている表の位置を求める。 検査範囲は昇順に並べておく。
0	検査値に等しい値を検査範囲内で検索し、その値が入力されている表の位置を求める。
−1	検査値を超える最小値を検査範囲内で検索し、その値が入力されている表の位置を求める。 検査範囲は降順に並べておく。

※省略できます。省略すると「1」を指定したことになります。

例)
セル【C3】に入力されている「点数」をもとに、理解度のレベルをセル範囲【F3：F5】から検索してセル【D3】に表示する場合

D3			×	✓	fx	=MATCH(C3,$F$3:$F$5,1)		

▲	A	B	C	D	E	F	G	H	I
1									
2		氏名	点数	理解度			点数	理解度	
3		高橋　陽子	100	3		0	～69点	1	
4		木村　達也	68	1		70	～89点	2	
5		田中　誠	82	2		90	点以上	3	
6		酒井　梨沙子	91	3					
7									

使用例 •

D4			×	✓	fx	=MATCH(C4,$F$4:$F$6,1)	

▲	A	B	C	D	E	F	G	H	I
1		**イベント集客表**							
2									
3		**イベント名**	**来場者数**	**集客レベル**		**来場者数**			**集客レベル**
4		光と風の写真展	4,561	1		0	～4999人	1	見直しが必須
5		江戸時代浮世絵展	5,941	2		5000	～7999人	2	見直しをして次回に期待
6		ベネチアガラス展	6,891	2		8000	人以上	3	集客効果あり
7		二十世紀巨匠展	11,286	3					
8		新作着物ショー	7,850	2					
9		古都伝statefulの意匠展	6,805	2					
10		パリ印象派画家展	10,152	3					
11		アメリカンキルト展	8,920	3					
12		小倉百人一首展	9,645	3					
13									

第6章

●セル【D4】に入力されている関数

$$=MATCH(\underset{❶}{C4},\underset{❷}{\$F\$4:\$F\$6},\underset{❸}{1})$$

❶ 検索する値にはセル【C4】を指定する。

❷ 検索する数値が含まれるセル範囲【F4：F6】を指定する。

※数式をコピーするため、絶対参照で指定します。

❸ 検査値以下の最大値を検索するため「1」を入力する。

関数
INDEX（インデックス）
MATCH（マッチ）

MATCH関数を使って、行項目と列項目の位置を求め、INDEX関数を使って行と列の位置から交点のデータを求めることができます。

● INDEX関数

指定した範囲の行と列の交点のデータを求めます。

$$=INDEX(\underset{❶}{配列}, \underset{❷}{行番号}, \underset{❸}{列番号})$$

---

❶配列
取り出すデータが入力されているセル範囲を指定します。

❷行番号
❶配列で指定したセル範囲の上から何行目を取り出すのかを数値またはセルを指定します。

❸列番号
❶配列で指定したセル範囲の左から何列目を取り出すのかを数値またはセルを指定します。
※省略できます。省略した場合は、必ず行番号を指示する必要があります。

例）
指定した範囲の上から4行目、左から2列目のデータを求める場合

C4		:	×	✓	fx	=INDEX(B8:D11,C2,C3)

	A	B	C	D	E	F
1	合否ボーダーライン					
2	学部	経済学部	4	行目		
3	区分	一般	2	列目		
4	合格最低点		118			
5						
6	入試区分別合格最低点					
7	学部/区分	特待	一般	補欠		
8	法学部	158	124	118		
9	文学部	186	175	158		
10	商学部	175	158	124		
11	経済学部	134	118	105		
12						

●MATCH関数

指定した検査範囲の中で検査値のある位置を求めます。

$$= MATCH (検査値, 検査範囲, 照合の種類)$$
❶ ❷ ❸

❶検査値
検索する値またはセルを指定します。

❷検査範囲
検査値を検索するセル範囲を指定します。

❸照合の種類
検査値を探す方法を指定します。

照合の種類を指定する方法は、次のとおりです。

照合の種類	検査方法
1	検査値を超えない最大値を検査範囲内で検索し、その値が入力されている表の位置を求める。 検査範囲は昇順に並べておく。
0	検査値に等しい値を検査範囲内で検索し、その値が入力されている表の位置を求める。
−1	検査値を超える最小値を検査範囲内で検索し、その値が入力されている表の位置を求める。 検査範囲は降順に並べておく。

※省略できます。省略すると「1」を指定したことになります。

👆 POINT　INDEX関数とMATCH関数の組み合わせ

MATCH関数で検査した「〇行目」と「〇列目」を表す数値をINDEX関数の行番号と列番号に組み合わせると、指定した行項目と列項目の交点のデータを取り出すことができます。

❶取り出すデータが入力されているセル範囲を指定します。
❷行項目のセル範囲を検査範囲1とし、指定した検査値1の行の位置を求めます。
❸列項目のセル範囲を検査範囲2とし、指定した検査値2の列の位置を求めます。
※❷❸で求めた行と列の位置を表す数値が、INDEX関数の行番号と列番号に指定されます。

| D7 | ▼ | : | × | ✓ | fx | =INDEX($G$5:$K$15,MATCH(B7,$F$5:$F$15,0),MATCH(C7,$G$4:$K$4,-1)) | | | | |

▲	A	B	C	D	E	F	G	H	I	J	K
1	注文受付表										
2											
3	注文日	2020/4/13	お支払い	現金		●印刷料金表					(円)
4	顧客名	国吉 紀美子	お届け	来店		種類／枚	500	400	300	200	100
5						長形4号	4,420	4,120	3,820	3,520	3,230
6	No.	種類	注文数	価格		長形3号	5,230	5,130	5,030	4,930	3,830
7	1	長形4号	80	3,230		長形2号	8,460	7,510	6,570	5,620	4,680
8	2	官製はがき	250	4,480		長形1号	10,850	9,430	8,000	6,580	5,160
9	3	名刺	100	1,800		洋形4号	4,980	4,570	4,160	3,750	3,340
10	4	洋形3号	330	6,780		洋形3号	7,540	6,780	6,020	5,250	4,490
11	5	長形3号	180	4,930		洋形2号	9,640	8,460	7,280	6,090	4,910
12	合計		940	¥21,220		洋形1号	11,340	9,820	8,300	6,780	5,250
13						官製はがき	5,520	5,000	4,480	3,960	3,450
14						私製はがき	13,440	11,500	9,560	7,620	5,670
15						名刺	3,150	2,800	2,500	2,100	1,800
16											

●セル【D7】に入力されている数式

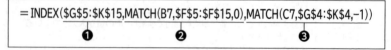

= INDEX($G$5:$K$15,MATCH(B7,$F$5:$F$15,0),MATCH(C7,$G$4:$K$4,-1))
　　　　❶　　　　　　　❷　　　　　　　　　❸

❶取り出すデータが入力されているセル範囲【G5：K15】を指定する。

※数式をコピーするため、絶対参照で指定します。

❷MATCH関数を使って、種類のセル【B7】と一致するデータを、参照表の
行項目のセル範囲【F5：F15】の中から検索し、その位置を調べる。一致
するデータを検索するため、検査方法には「0」を指定する。

※数式をコピーするため、絶対参照で指定します。

❸MATCH関数を使って、注文数のセル【C7】より大きくて近いデータを、
参照表の列項目のセル範囲【G4：K4】の中から検索し、その位置を調べ
る。注文数より大きくて近い値を検索するため、検査方法には「−1」を指
定する。

※数式をコピーするため、絶対参照で指定します。

第 **7** 章

情報関数

1 ふりがなを表示する

PHONETIC（フォネティック）

PHONETIC関数を使うと、指定したセルのふりがなを表示できます。

●PHONETIC関数

＝PHONETIC（参照）

❶

---

❶参照
ふりがなを取り出すセルまたはセル範囲を指定します。引数に直接文字列を入力することは
できません。
※対象文字列のふりがなを全角カタカナで表示します。
※セル範囲を指定したときは、範囲内の文字列のふりがなをすべて結合して表示します。

例1）
セル【A1】に「富士　太郎」と入力されている場合
＝PHONETIC（A1）→ フジ　タロウ

例2）
セル【A1】に「富士」、セル【A2】に「太郎」と入力されている場合
＝PHONETIC（A1：A2）→ フジタロウ

使用例 •

| D4 | ▼ | : | × | ✓ | fx | =PHONETIC(C4) |

▲	A	B	C	D	E	F	G
1		**顧客台帳**					
2							
3		**No.**	**氏名**	**フリガナ**	**住所1**	**住所2**	**職業**
4		1001	古谷 俊夫	フルヤ トシオ	渋谷区	千駄ヶ谷X-X-X	学生
5		1002	奥田 美和	オクダ ミワ	大田区	大森南X-X-X	会社員
6		1003	栗原 里美	クリハラ サトミ	杉並区	荻窪X-X-X	学生
7		1004	木田 京子	キダ キョウコ	中野区	弥生町X-X-X	主婦
8		1005	相田 陽子	アイダ ヨウコ	中野区	中野X-X-X	自営業
9		1006	佐藤 由美	サトウ ユミ	杉並区	阿佐ヶ谷北X-X-X	会社員
10		1007	田中 千春	タナカ チハル	渋谷区	恵比寿X-X-X	会社員
11		1008	大下 澄子	オオシタ スミコ	中野区	東中野X-X-X	学生
12		1009	栗田 恵子	クリタ ケイコ	杉並区	久我山X-X-X	会社員
13		1010	石井 研一	イシイ ケンイチ	渋谷区	笹塚X-X-X	会社員
14		1011	佐藤 あかり	サトウ アカリ	墨田区	東向島X-X-X	学生
15		1012	宇野 肇	ウノ ハジメ	台東区	浅草X-X-X	会社員
16		1013	風間 一平	カザマ イッペイ	墨田区	京島X-X-X	学生
17		1014	中山 美登理	ナカヤマ ミドリ	渋谷区	宇田川町X-X-X	主婦
18		1015	原田 光喜	ハラダ コウキ	台東区	東上野X-X-X	会社員
19		1016	渡部 沙保里	ワタベ サオリ	江戸川区	平井X-X-X	学生
20		1017	富永 恵	トミナガ メグミ	港区	海岸X-X-X	主婦
21							

● セル【D4】に入力されている数式

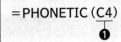

❶ ふりがなを取り出す氏名のセル【C4】を指定する。

🖐 POINT ふりがなの種類の変更

PHONETIC関数を使うと、ふりがなは初期の状態で全角カタカナで表示されます。ふりがなをひらがなや半角カタカナにしたいときは、《ふりがなの設定》ダイアログボックスを使います。
ふりがなの種類を変更する方法は、次のとおりです。

◆PHONETIC関数で指定しているセル範囲を選択→《ホーム》タブ→《フォント》グループの ⎡ｱ亜⎤⋅ (ふりがなの表示/非表示)の ⋅ →《ふりがなの設定》→《ふりがな》タブ

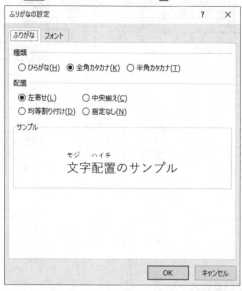

```
ふりがなの設定                          ?    ×

 ふりがな  フォント

 種類
 ○ ひらがな(H)   ● 全角カタカナ(K)   ○ 半角カタカナ(I)

 配置
 ● 左寄せ(L)      ○ 中央揃え(C)
 ○ 均等割り付け(D)  ○ 指定なし(N)

 サンプル

               モジ    ハイチ
            文字配置のサンプル




                        OK        キャンセル
```

🖐 POINT ふりがなの修正

PHONETIC関数で表示されるふりがなは、セルに入力した際の文字列(読み)になります。例えば、「佳子」を「けいこ」と入力した場合、ふりがなは「けいこ」と表示されます。表示されたふりがなが実際のふりがなと異なる場合は、入力したふりがなを修正します。
ふりがなを修正する方法は、次のとおりです。

◆PHONETIC関数で指定しているセルを選択→《ホーム》タブ→《フォント》グループの ⎡ｱ亜⎤⋅ (ふりがなの表示/非表示)の ⋅ →《ふりがなの編集》

セルがエラーの場合にメッセージを表示する

IF（イフ）
ISERROR（イズエラー）

IF関数とISERROR関数を組み合わせて使うと、計算結果がエラーだった場合に、エラー値の代わりに指定した文字列を表示することができます。

●IF関数

指定した条件を満たしている場合と満たしていない場合の結果を表示できます。この関数は「論理関数」に分類されています。

$$= IF（\underset{\text{❶}}{論理式},\ \underset{\text{❷}}{真の場合},\ \underset{\text{❸}}{偽の場合}）$$

---

❶論理式
判断の基準となる数式を指定します。
❷真の場合
❶の結果が真の場合の処理を数値または数式、文字列で指定します。
❸偽の場合
❶の結果が偽の場合の処理を数値または数式、文字列で指定します。
※❷真の場合と❸偽の場合が文字列の場合は「"（ダブルクォーテーション）」で囲みます。

●ISERROR関数

指定したセルに入力されている対象がエラーかどうかを調べます。対象がエラーの場合は「TRUE」を返し、エラーでない場合は「FALSE」を返します。

$$= ISERROR（\underset{\text{❶}}{テストの対象}）$$

---

❶テストの対象
エラーかどうかを調べるデータを指定します。
※エラーには「#N/A」、「#VALUE!」、「#NAME?」、「#REF!」、「#NUM!」、「#DIV/0!」、「#NULL!」の7種類があり、すべてのエラーが対象になります。

使用例 ●

G4	▼	:	×	✓	fx	=IF(ISERROR(D4),"商品No.確認",E4*F4)			

▲	A	B	C	D	E	F	G	H	I	J	K
1		商品売上一覧									
2									●商品一覧		
3		日付	商品No.	商品名	単価	数量	合計		商品No.	商品名	単価
4		4月3日	C130	キリマンジャロ	1,300	30	39,000		C100	モカコーヒー	1,200
5		4月6日	T120	アップルティー	1,500	35	52,500		C110	ブレンドコーヒー	1,000
6		4月8日	C120	炭焼コーヒー	1,500	40	60,000		C120	炭焼コーヒー	1,500
7		4月9日	T130	ハーブティー	1,200	10	12,000		C130	キリマンジャロ	1,300
8		4月13日	T110	ダージリンティー	1,000	20	20,000		T100	アッサムティー	1,200
9		4月13日	C110	ブレンドコーヒー	1,000	25	25,000		T110	ダージリンティー	1,000
10		4月14日	C150	#N/A	#N/A	30	商品No.確認		T120	アップルティー	1,500
11		4月16日	T120	アップルティー	1,500	20	30,000		T130	ハーブティー	1,200
12		4月17日	T110	ダージリンティー	1,000	30	30,000				
13											

●セル【G4】に入力されている数式

=IF (ISERROR (D4) ,"商品No.確認" ,E4＊F4)
    ❶   ❷   ❸

❶ISERROR関数を使って、「**商品名のセル【D4】がエラーである**」という条件を入力する。

❷条件を満たしている場合、表示する文字列として「**"商品No.確認"**」を入力する。

❸条件を満たしていない場合、単価と数量を掛ける数式「**E4＊F4**」を入力する。

🖐 POINT　エラーの種類

エラーの種類には、次の7種類があります。

エラー値	意味
#N/A	必要な値が入力されていない
#VALUE!	引数が不適切である
#NAME?	認識できない文字列が使用されている
#REF!	セル参照が無効である
#NUM!	不適切な引数が使用されているか、計算結果が処理できない値である
#DIV/0!	0または空白で除算されている
#NULL!	参照演算子が不適切であるか、指定したセル範囲が存在しない

 **POINT** ISERR関数（イズエラー）

指定したセルに入力されている対象が「#N/A」以外のエラーかどうかを調べます。対象が「#N/A」以外のエラーの場合は「TRUE」を返し、「#N/A」のエラーの場合は「FALSE」を返します。

● ISERR関数

＝ISERR（<u>テストの対象</u>）

---

❶ テストの対象
「#N/A」以外のエラーかどうかを調べるデータを指定します。

POINT ISNA関数（イズエヌエー）

指定したセルに入力されている対象が「#N/A」のエラーかどうかを調べます。対象が「#N/A」のエラーの場合は「TRUE」を返し、「#N/A」以外のエラーの場合は「FALSE」を返します。

● ISNA関数

＝ISNA（<u>テストの対象</u>）

---

❶ テストの対象
「#N/A」のエラーかどうかを調べるデータを指定します。

第7章

セルが空白の場合にメッセージを表示する

IF（イフ）
ISBLANK（イズブランク）

IF関数とISBLANK関数を組み合わせて使うと、セルが空白だった場合に、指定した文字列を表示することができます。

●IF関数

指定した条件を満たしている場合と満たしていない場合の結果を表示できます。この関数は「論理関数」に分類されています。

$$=IF（\underset{\text{❶}}{論理式},\ \underset{\text{❷}}{真の場合},\ \underset{\text{❸}}{偽の場合}）$$

---

❶論理式
判断の基準となる数式を指定します。

❷真の場合
❶の結果が真の場合の処理を数値または数式、文字列で指定します。

❸偽の場合
❶の結果が偽の場合の処理を数値または数式、文字列で指定します。
※❷真の場合と❸偽の場合が文字列の場合は「"（ダブルクォーテーション）」で囲みます。

●ISBLANK関数

指定した対象が空白かどうかを調べます。対象が空白の場合は「TRUE」を返し、空白でない場合は「FALSE」を返します。

$$=ISBLANK（\underset{\text{❶}}{テストの対象}）$$

---

❶テストの対象
空白かどうかを調べるデータを指定します。

E4	▼ : × ✓ *fx*	=IF(ISBLANK(D4),"実績確定前",D4/C4)				

▲	A	B	C	D	E	F	G
1		営業所別販売実績					
2					単位：千円		
3			予算	実績	達成率		
4		北海道営業所	11,500	12,210	106.2%		
5		東北営業所	11,500	10,240	89.0%		
6		北陸営業所	10,000	10,100	101.0%		
7		関東営業所	37,000	34,380	92.9%		
8		東海営業所	27,000	26,654	98.7%		
9		関西営業所	32,000	28,954	90.5%		
10		中国営業所	17,500		実績確定前		
11		四国営業所	11,000	11,060	100.5%		
12		九州営業所	18,500	20,258	109.5%		
13		合計	176,000	153,856	87.4%		
14							

● セル【E4】に入力されている数式

=IF(ISBLANK(D4),"実績確定前",D4/C4)
　　　❶　　　　　　❷　　　　❸

❶ISBLANK関数を使って、「**実績のセル【D4】が空白である**」という条件を入力する。

❷条件を満たしている場合、表示する文字列として「**"実績確定前"**」を入力する。

❸条件を満たしていない場合、実績を予算で割る数式「**D4/C4**」を入力する。

第7章

4 セルが数値の場合に計算する

IF関数とISNUMBER関数を組み合わせて使うと、数値が入力されているときには計算し、そうでなければ、もとのデータをそのまま表示することができます。

●IF関数

指定した条件を満たしている場合と満たしていない場合の結果を表示できます。この関数は「論理関数」に分類されています。

$$=IF（\underset{❶}{論理式}, \underset{❷}{真の場合}, \underset{❸}{偽の場合}）$$

❶論理式
判断の基準となる数式を指定します。

❷真の場合
❶の結果が真の場合の処理を数値または数式、文字列で指定します。

❸偽の場合
❶の結果が偽の場合の処理を数値または数式、文字列で指定します。
※❷真の場合と❸偽の場合が文字列の場合は「"（ダブルクォーテーション）」で囲みます。

●ISNUMBER関数

指定したセルに入力されている対象が数値かどうかを調べます。対象が数値の場合は「TRUE」を返し、数値でない場合は「FALSE」を返します。

$$=ISNUMBER（\underset{❶}{テストの対象}）$$

❶テストの対象
数値かどうかを調べるデータを指定します。
※「"（ダブルクォーテーション）」で数値を囲むと文字列になるので「FALSE」を返します。

F17		▾	:	×	✓	fx	=IF(ISNUMBER(F16),F15-(F15*F16),F15)		

▲	A	B	C	D	E	F	G
1					発行日：	2020/4/3	
2			納品書				
3							
4						株式会社エフ	
5		高田　真理子　様		〒105-0022	東京都港区海岸1-16-X		
6					TEL(03)5401-XXXX		
7		下記の通り納品申し上げます。			E-mail:infof@xx.xx		
8		●ご注文商品					
9		No.	商品名	単価（税込）	数量	金額	
10		1	アロマセット（ミント）	3,300	1	3,300	
11		2	アロマオイル（レモングラス）	880	2	1,760	
12		3	アロマオイル（ラベンダー）	880	1	880	
13							
14							
15					合計金額	5,940	
16					割引率	対象外	
17		※お買い上げ¥10,000以上で10%OFFになります。			合　計	5,940	
18							

●セル【F17】に入力されている数式

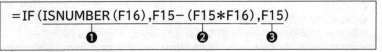

$$=IF(\underset{❶}{ISNUMBER(F16)},\underset{❷}{F15-(F15*F16)},\underset{❸}{F15})$$

❶ ISNUMBER関数を使って、「**割引率のセル【F16】が数値である**」という条件を入力する。

❷ 条件を満たしている場合、売上金額から割引率を引く数式「**F15-（F15*F16）**」を入力する。

❸ 条件を満たしていない場合、表示するデータとして売上金額のセル【F15】を指定する。

※セル【F15】には、「合計金額が10,000円以上であれば"10%"、そうでなければ"対象外"」と表示する数式が入力されています。

第7章

5 1行おきに連番を振る

関数
IF（イフ）
ISEVEN（イズイーブン）
ROW（ロウ）

ISEVEN関数にROW関数を組み合わせると、行番号をもとにした数値が偶数であるかどうかを判定できます。この判定にIF関数を組み合わせると、偶数の場合の処理と偶数でない場合の処理を行うことができます。

● IF関数

指定した条件を満たしている場合と満たしていない場合の結果を表示できます。この関数は「論理関数」に分類されています。

＝IF（論理式, 真の場合, 偽の場合）
    ❶   ❷   ❸

---

❶論理式
判断の基準となる数式を指定します。

❷真の場合
❶の結果が真の場合の処理を数値または数式、文字列で指定します。

❸偽の場合
❶の結果が偽の場合の処理を数値または数式、文字列で指定します。
※❷真の場合と❸偽の場合が文字列の場合は「"（ダブルクォーテーション）」で囲みます。

● ISEVEN関数

データが偶数かどうかを調べます。偶数の場合は「TRUE」、奇数の場合は「FALSE」を返します。

＝ISEVEN（数値）
    ❶

---

❶数値
偶数かどうかを判定する数値や数式またはセルを指定します。

● ROW関数

指定したセルの行番号を求めます。この関数は「検索/行列関数」に分類されています。

$$= ROW(参照)$$

❶参照

行番号を求めるセルまたはセル範囲を指定します。

※省略できます。省略するとROW関数が入力されているセルの行番号が求められます。

※セル範囲を指定した場合は、指定した範囲の先頭行の行番号が求められます。

POINT ISEVEN関数とROW関数の組み合わせ

ROW関数を使って、基準値が入力されているセルと関数が入力されているセルとの行番号の差を求め、この差が偶数であるかどうかをISEVEN関数で判定します。

❶論理式

$$= IF(\boxed{ISEVEN(ROW()-ROW(基準値が入力されているセル))},$$

$$\boxed{基準値+(ROW()-ROW(基準値が入力されているセル))/2}, \boxed{\text{""}})$$

❶IF関数の論理式に、ISEVEN関数とROW関数の組み合わせを指定します。ISEVEN関数は数式が入力されている行番号と基準値が入力されているセルの行番号との差が偶数であるかどうかを判定します。

❷条件を満たしている場合は、基準値に❶で求めているものと同じ行番号の差を「2」で割った値を足して表示します。「2」で割るのは、1行おきに連番を付けるので、2行ごとに1ずつ基準値に番号を足す必要があるためです。

❸条件を満たしていない場合は、何も表示しないようにします。

POINT 関数を利用するメリット

セルに連番を振るには、通常、オートフィルを使います。1行おきに連番を振りたい場合は、任意の位置に基準値を入力し、上下いずれかのセルと一緒に選択（セル2つで1組）し、フィルハンドルをドラッグします。ただし、オートフィルで入力した連番は、途中の行を削除しても連番は振り直されませんが、関数の場合は、2行1組で削除すると、連番を自動的に振り直して表示することができます。

B4	▼	:	✕ ✔	fx	=IF(ISEVEN(ROW()-ROW($B$3)),$B$3+(ROW()-ROW($B$3))/2,"")				
▲	A	B	C	D	E	F	G	H	I	J

▲	A	B	C	D	E	F	G	H	I	J
1		売上明細								
2		No.	商品名	数量	単価	合計	担当			
3		1	イタリアワイン	20	8,600	172,000	岡田			
4										
5		2	シャンパン	80	13,800	1,104,000	吉野			
6										
7		3	ダージリン	180	2,800	504,000	岡田			
8										
9		4	ハワイコナコーヒー	150	1,800	270,000	榊原			
10										
11		5	ロイヤルティー	50	3,200	160,000	片岡			
12										
13		6	フランスワイン	15	3,200	48,000	吉野			
14										
15		7	アールグレイ	12	3,500	42,000	片岡			
16										

● セル【B4】に入力されている数式

= IF(ISEVEN(ROW()-ROW($B$3)),$B$3+(ROW()-ROW($B$3))/2,"")
　　　　　❶　　　　　　　　　　　　❷　　　　　　　　❸

❶ IF関数の論理式に、「ROW関数を使って、数式が入力されているセルと基準値が入力されているセル【B3】との差を求めて、ISEVEN関数を使って偶数であるかどうかを判定する」という条件を入力する。

※数式をコピーするため、絶対参照で指定します。

❷ 条件を満たしている場合、連番を表示する数式として「セル【B3】の基準値に、❶の判定に利用した行番号の差を「2」で割った値を足して表示する」と入力する。

※セルが下に2行移動するたびに番号が「1」ずつ大きくなります。
※数式をコピーするため、絶対参照で指定します。

❸ 条件を満たしていない場合、何も表示しないため「""」を入力する。

数式のエラー件数を数える

関数 | COUNTIF（カウントイフ）
NA（エヌエー）

NA関数は、強制的に「#N/A」を表示することができます。COUNTIF関数の条件式にNA関数を使うと、数式の結果がエラー値「#N/A」になっている件数を数えることができます。

● COUNTIF関数

= COUNTIF（範囲, 検索条件）

---

❶範囲
検索の対象となるセル範囲を指定します。
❷検索条件
検索条件を文字列またはセル、数値、数式で指定します。
※文字列を指定する場合は「"（ダブルクォーテーション）」で囲みます。
※条件にはワイルドカードが使えます。

● NA関数

= NA（）

引数はありません。「（）」は入力します。

POINT　エラー値「#N/A」

エラー値「#N/A」は、必要な値が入力されていない場合に表示されます。

G2	▼	⋮	×	✓	fx	=COUNTIF(D5:D22,NA())		

▲	A	B	C	D	E	F	G	H
1		**商品売上一覧**						
2						商品名確認	3件	
3								
4		**日付**	**商品No.**	**商品名**	**単価**	**数量**	**合計**	
5		4月3日	C130	キリマンジャロ	1,300	30	39,000	
6		4月6日	T120	アップルティー	1,500	35	52,500	
7		4月8日	C120	炭焼コーヒー	1,500	40	60,000	
8		4月9日	T130	ハーブティー	1,200	10	12,000	
9		4月13日	T110	ダージリンティー	1,000	20	20,000	
10		4月13日	C110	ブレンドコーヒー	1,000	25	25,000	
11		4月14日	C150	#N/A	#N/A	30	#N/A	
12		4月16日	T120	アップルティー	1,500	20	30,000	
13		4月17日	T110	ダージリンティー	1,000	30	30,000	
14		4月17日	C130	キリマンジャロ	1,300	30	39,000	
15		4月18日	T120	アップルティー	1,500	35	52,500	
16		4月18日	C120	炭焼コーヒー	1,500	40	60,000	
17		4月19日	T140	#N/A	#N/A	10	#N/A	
18		4月25日	T110	ダージリンティー	1,000	20	20,000	
19		4月25日	C110	ブレンドコーヒー	1,000	25	25,000	
20		4月26日	C150	#N/A	#N/A	30	#N/A	
21		4月27日	T120	アップルティー	1,500	20	30,000	
22		4月27日	T110	ダージリンティー	1,000	30	30,000	
23								

●セル【G2】に入力されている数式

$$=COUNTIF(\underset{❶}{D5:D22},\underset{❷}{NA()})$$

❶検索の対象となるリストのセル範囲【D5:D22】を指定する。

※セル範囲【D5:D22】には、C列の商品No.をもとにセル範囲【I5:K12】の商品一覧から「商品名」を表示するVLOOKUP関数の数式が入力されています。商品一覧に一致する商品No.がない場合、「#N/A」が表示されます。

❷「#N/A」がセルに表示されているという条件を入力する

第**8**章

財務関数

積立預金の満期額を求める

FV（フューチャーバリュー）

FV関数を使うと、指定された利率と期間で預金した場合の満期後の受取金額を求めることができます。

●FV関数

＝FV（利率, 期間, 定期支払額, 現在価値, 支払期日）
　　　❶　　❷　　　　❸　　　　　❹　　　　❺

---

❶利率
固定利率の数値またはセルを指定します。

❷期間
預入回数の数値またはセルを指定します。
※❶利率と❷期間は、❸定期支払額の時間と単位を一致させます。

❸定期支払額
定期的な預入金額の数値またはセルを指定します。

❹現在価値
最初に預け入れる頭金の数値またはセルを指定します。
※省略できます。省略すると「0」を指定したことになります。

❺支払期日
支払いが期末の場合は「0」、期首の場合は「1」を指定します。
※省略できます。省略すると「0」を指定したことになります。

POINT 財務関数の符号

財務関数では、支払い（手元から出る金額）は「−（マイナス）」、受取や回収（手元に入る金額）は「＋（プラス）」で指定します。関数の計算結果も同様です。計算結果を「−（マイナス）」表示にしたくない場合は、数式に「−（マイナス）」を掛けて符号を反転させます。

| | | | D9 | ▼ | : | × | ✓ | *fx* | =FV($D$2/12,D$7,$B9,$D$3,$D$4) |

▲	A	B	C	D	E	F	G	H
1		海外旅行積立プラン						
2		年　利		1.5%				
3		頭　金		¥-5,000				
4		支払日		0	※月初は「1」、月末は「0」を入力			
5								
6		受取額一覧						
7		積立期間		6か月	12か月	18か月	24か月	
8		毎月の預入額						
9		¥-5,000		¥35,132	¥65,490	¥96,076	¥126,893	
10		¥-8,000		¥53,188	¥101,738	¥150,654	¥199,938	
11		¥-10,000		¥65,225	¥125,904	¥187,039	¥248,634	
12								

●セル【D9】に入力されている数式

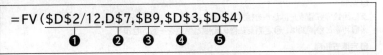

=FV（$D$2/12,D$7,$B9,$D$3,$D$4）
　　　　❶　　　❷　　❸　　❹　　　❺

❶年利のセル【D2】を指定し、月利に換算するため「12」で割る。
※数式をコピーするため、絶対参照で指定します。

❷積立期間のセル【D7】を指定する。
※積立期間のセル範囲【D7：G7】には、表示形式「0"か月"」が設定されています。
※数式をコピーするため、行だけを固定する複合参照で指定します。

❸毎月の預入額のセル【B9】を指定する。
※数式をコピーするため、列だけを固定する複合参照で指定します。

❹最初に預け入れる頭金のセル【D3】を指定する。
※数式をコピーするため、絶対参照で指定します。

❺支払日のセル【D4】を指定する。
※数式をコピーするため、絶対参照で指定します。

第8章

ローンの借入可能金額を求める

PV(プレゼントバリュー)

PV関数を使うと、将来にわたって定期的に支払い続けるローンの借入可能
金額(現時点で一括払いした場合の金額)を求めることができます。ただ
し、利率や支払金額は、支払い終了まで一定であることが前提です。

●PV関数

=PV(**利率, 期間, 定期支払額, 将来価値, 支払期日**)

❶　　❷　　　❸　　　　❹　　　❺

---

❶利率
固定利率の数値またはセルを指定します。

❷期間
支払回数の数値またはセルを指定します。
※❶利率と❷期間は、❸定期支払額の時間と単位を一致させます。

❸定期支払額
定期的な支払金額の数値またはセルを指定します。

❹将来価値
支払い終了後の金額の数値またはセルを指定します。
※省略できます。省略すると「0」を指定したことになります。

❺支払期日
支払いが期末の場合は「0」、期首の場合は「1」を指定します。
※省略できます。省略すると「0」を指定したことになります。

| C6 | ▼ | : | × | ✓ | fx | =PV($C$5/12,C4*12,-C3,0,0) |

	A	B	C	D	E	F
1		借入金試算				
2						
3		返済金額（月額）	30,000	50,000	80,000	
4		返済期間（年）	12	7	5	
5		年利		2.50%		
6		借入可能金額	¥3,728,888	¥3,849,364	¥4,507,712	
7						

●セル【C6】に入力されている数式

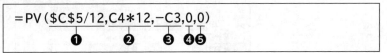

=PV($C$5/12,C4*12,-C3,0,0)
　　❶　　　❷　　❸❹❺

❶年利のセル【C5】を指定し、月利に換算するため「12」で割る。

※数式をコピーするため、絶対参照で指定します。

❷返済期間のセル【C4】を指定し、月数に換算するため「12」を掛ける。

❸月額返済額のセル【C3】を指定し、支払う金額のため「−（マイナス）」を付けて指定する。

❹将来価値は、完済後の金額のため「0」を入力する。

❺支払期日は、月末払いとして「0」を入力する。

PV関数は使用例のほかにも次のような使い方があります。求める値に応じて引数の意味を使い分けます。

現在価値（求める値）	定期支払額	将来価値
借入可能金額	定期返済額 「－（マイナス）」の値で指定	借入金の完済額 「0」または省略
積立の頭金 ※例1	定期積立額 「－（マイナス）」の値で指定	目標積立金額 「＋（プラス）」の値で指定
投資金額 ※例2	定期配当金 「＋（プラス）」の値で指定	配当の受取終了後の金額 「0」または省略

例1）
年利1%、毎月2万円ずつ積立て、3年間で100万円を貯蓄するための頭金を求める場合

B2	▼	:	×	✓	fx	=PV($E$2/12,$E$3*12,$E$4,$E$5,0)

	A	B	C	D	E	F
1	**貯蓄計画**			●積立条件		
2	頭金（期末）	¥-261,441		年利	1.0%	
3	頭金（期首）	¥-260,851		積立期間（年）	3	
				積立期間（月）	-20,000	
				目標積立金額	1,000,000	

fx	=PV($E$2/12,$E$3*12,$E$4,$E$5,1)

※期首の場合は、期末の場合より1か月分早く金利が発生するため、頭金が少なくなります。

例2）
将来、年1回配当金を受け取る年金保険を、仮に、現時点で一括して受け取る場合

B8	▼	:	×	✓	fx	=-PV(B7,B5,B6,0,0)

	A	B	C	D	E
1	**年金保険比較**				
2	商品名	人生・わっはっは	エンジョイライフ	ながいきプラン	
3	取扱保険会社	FOM保険	プロジェクト保険	エフ・プロ保険	
4	支払金額	6,000,000	5,000,000	1,300,000	
5	受取期間（年）	15	10	4	
6	配当（年1回）	750,000	600,000	350,000	
7	予定利率	5.00%	1.50%	1.00%	
8	現在価値	¥7,784,744	¥5,533,311	¥1,365,688	
9					

※最終的に手元に入る金額でもいったん年金保険として支払うため、現在価値は「－（マイナス）」になります。そこで、現在価値を「＋（プラス）」で表示するため、数式に「－（マイナス）」を付けます。

※現時点で一括して受け取ると仮定すると、「人生・わっはっは」が約780万円相当になり、実際の支払金額より一番多くなるため、この年金保険は加入する価値があると判断できます。

PMT関数を使うと、指定された利率と期間で定期的な貯蓄や支払いをする場合の、1回当たりの積立金額や返済金額を求めることができます。受取分は「＋（プラス）」、支払分は「－（マイナス）」で表示されます。

● PMT関数

=PMT（利率, 期間, 現在価値, 将来価値, 支払期日）
　　　 ❶　　 ❷　　　 ❸　　　　 ❹　　　　 ❺

---

❶利率
固定利率の数値またはセルを指定します。

❷期間
預入回数または支払回数の数値またはセルを指定します。
※❶利率と❷期間は、時間の単位を一致させます。

❸現在価値
貯蓄の場合は頭金、ローンの場合は借入金の数値またはセルを指定します。

❹将来価値
貯蓄の場合は最終的な目標金額、ローンの場合は支払いが終わったあとの残高の数値またはセルを指定します。
※省略できます。省略すると「0」を指定したことになります。

❺支払期日
支払いが期末の場合は「0」、期首の場合は「1」を指定します。
※省略できます。省略すると「0」を指定したことになります。

D8	▼	⋮	×	✓	fx	=PMT($D$2/12,$B8,D$6,0,$D$3)		

▲	A	B	C	D	E	F	G	H
1		**海外留学費貸付プラン**						
2		年　利		**5.5%**				
3		支払日		0	※月初は「1」、月末は「0」を入力			
4								
5		**返済額一覧**						
6		貸付額		**¥150,000**	**¥300,000**	**¥500,000**	**¥750,000**	
7		返済期間						
8		**6か月**		¥-25,403	¥-50,805	¥-84,675	¥-127,013	
9		**12か月**		¥-12,876	¥-25,751	¥-42,918	¥-64,378	
10		**18か月**		¥-8,701	¥-17,402	¥-29,003	¥-43,504	
11		**24か月**		¥-6,614	¥-13,229	¥-22,048	¥-33,072	
12								

●セル【D8】に入力されている数式

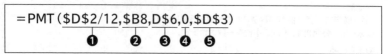

=PMT($D$2/12,$B8,D$6,0,$D$3)
❶　　　❷　　❸　❹　❺

❶年利のセル【D2】を指定し、月利に換算するため「12」で割る。
※数式をコピーするため、絶対参照で指定します。
❷返済期間のセル【B8】を指定する。
※数式をコピーするため、列だけを固定する複合参照で指定します。
❸貸付額のセル【D6】を指定する。
※数式をコピーするため、行だけを固定する複合参照で指定します。
❹将来価値は、完済すると仮定し「0」を入力する。
❺支払日のセル【D3】を指定する。
※数式をコピーするため、絶対参照で指定します。

関数　PPMT（プリンシパルペイメント）
　　　IPMT（インタレストペイメント）

住宅ローンなどのローン返済金の内訳は、元金と利息から構成されています。PPMT関数とIPMT関数を使うと、一定額の返済（元利均等返済）におけるローンの元金と利息の内訳を求めることができます。計算結果を「－（マイナス）」表示にしたくない場合は、数式に「－（マイナス）」を掛けて符号を反転させます。

※元利均等返済についてはP.177を参照してください。

●PPMT関数

返済額における元金の内訳を求めます。

$$= PPMT（利率, 期, 期間, 現在価値, 将来価値, 支払期日）$$

❶　❷　❸　　❹　　　❺　　　❻

---

❶利率
固定利率の数値またはセルを指定します。

❷期
支払いの開始期から終了期までの期間の中から、元金の内訳を求める期の数値またはセルを指定します。

❸期間
支払回数の数値またはセルを指定します。
※❶利率と❸期間は、❷期の時間と単位を一致させます。

❹現在価値
借入金額の数値またはセルを指定します。

❺将来価値
支払い終了後の金額の数値またはセルを指定します。
※省略できます。省略すると「0」を指定したことになります。

❻支払期日
支払いが期末の場合は「0」、期首の場合は「1」を指定します。
※省略できます。省略すると「0」を指定したことになります。

●IPMT関数

返済額における利息の内訳を求めます。

$$=IPMT(\underset{\text{❶}}{利率}, \underset{\text{❷}}{期}, \underset{\text{❸}}{期間}, \underset{\text{❹}}{現在価値}, \underset{\text{❺}}{将来価値}, \underset{\text{❻}}{支払期日})$$

❶利率
固定利率の数値またはセルを指定します。

❷期
支払いの開始期から終了期までの期間の中から、利息の内訳を求める期の数値またはセルを指定します。

❸期間
支払回数の数値またはセルを指定します。
※❶利率と❸期間は、❷期の時間と単位を一致させます。

❹現在価値
借入金額の数値またはセルを指定します。

❺将来価値
支払い終了後の金額の数値またはセルを指定します。
※省略できます。省略すると「0」を指定したことになります。

❻支払期日
支払いが期末の場合は「0」、期首の場合は「1」を指定します。
※省略できます。省略すると「0」を指定したことになります。

使用例 ●

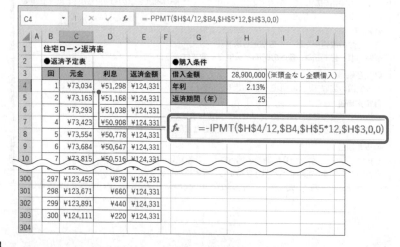

●セル【C4】に入力されている数式

$$= -\text{PPMT}(\$H\$4/12, \$B4, \$H\$5*12, \$H\$3, 0, 0)$$

❶ ❷ ❸ ❹ ❺ ❻❼

❶ 支払金額を「+(プラス)」で表示させるため「-(マイナス)」を入力する。

❷ 年利のセル【H4】を指定し、月利に換算するため「12」で割る。
※数式をコピーするため、絶対参照で指定します。

❸ 回(支払い期)のセル【B4】を指定する。
※数式をコピーするため、列だけを固定する複合参照で指定します。

❹ 返済期間のセル【H5】を指定し、月数に換算するため「12」を掛ける。
※数式をコピーするため、絶対参照で指定します。

❺ 借入金額のセル【H3】を指定する。
※数式をコピーするため、絶対参照で指定します。

❻ 将来価値は、完済後の金額のため「0」を入力する。

❼ 支払期日は、月末払いとして「0」を入力する。

●セル【D4】に入力されている数式

$$= -\text{IPMT}(\$H\$4/12, \$B4, \$H\$5*12, \$H\$3, 0, 0)$$

❶ ❷ ❸ ❹ ❺ ❻❼

❶ 支払金額を「+(プラス)」で表示させるため「-(マイナス)」を入力する。

❷ 年利のセル【H4】を指定し、月利に換算するため「12」で割る。
※数式をコピーするため、絶対参照で指定します。

❸ 回(支払い期)のセル【B4】を指定する。
※数式をコピーするため、列だけを固定する複合参照で指定します。

❹ 返済期間のセル【H5】を指定し、月数に換算するため「12」を掛ける。
※数式をコピーするため、絶対参照で指定します。

❺ 借入金額のセル【H3】を指定する。
※数式をコピーするため、絶対参照で指定します。

❻ 将来価値は、完済後の金額のため「0」を入力する。

❼ 支払期日は、月末払いとして「0」を入力する。

PPMT関数とIPMT関数は求める値に応じて引数の意味を使い分けます。ただし、いずれの場合もPPMT関数とIPMT関数の元金と利息の関係は変化しません。

支払金額（求める値）	現在価値	将来価値
指定期の借入の返済金額の元金と利息	借入金額 「＋（プラス）」の値で指定	借入金の完済額 「0」または省略
指定期の貸付、または投資の回収金額の元金と利息 ※例1	貸付金額 「－（マイナス）」の値で指定	回収終了後の金額 「0」または省略
指定期の貯蓄の元金と利息 ※例2	頭金 「－（マイナス）」の値で指定 頭金がない場合は「0」を指定	貯蓄目標金額 「＋（プラス）」の値で指定

例1）
10万円を年利5%で貸付け、5回で回収する場合

B4	▼	:	×	✓	fx	=PPMT($G$4/12,$A4,$G$5,-$G$3,0,0)

	A	B	C	D	E	F	G	H
1	**貸付金の回収**							
2	●回収予定					●貸付条件		
3	回	元金回収	利息	回収金額		貸付金	100,000	
4	1	¥19,834	¥417	¥20,251		年利	5%	
5	2	¥19,917	¥334	¥20,251		回数（月）	5	
6	3	¥20,000	¥251	¥20,251				
7	4	¥20,083	¥168	¥20,251				
8	5	¥20,167	¥84	¥20,251				
9	計	¥100,000	¥1,253	¥101,253				
10								

fx | =IPMT($G$4/12,$A4,$G$5,-$G$3,0,0)

※回収後の金額は、元金と利息を合計した101,253円となります。

例2)
頭金2万円をもとに年利2%、3か月で10万円を貯蓄する場合

| B5 | ▼ | : | × | ✓ | f_x | =-PPMT($G$3/12,$A5,$G$4,-$D$4,$G$5,0) |

	A	B	C	D	E	F	G	H
1	**貯蓄予定表**							
2	●貯蓄予定					●貯蓄金額		
3	回	元金	利息	貯蓄額		年利	1.5%	
4	頭金	¥20,000		¥20,000		回数（月）	3	
5	1	¥26,633	¥25	¥26,658		目標金額	100,000	
6	2	¥26,667	¥58	¥26,725				
7	3	¥26,700	¥92	¥26,792				
8	計	¥100,000	¥175	¥100,175				
9								

| f_x | =IPMT($G$3/12,$A5,$G$4,-$D$4,$G$5,0) |

※貯蓄のために支払うため、元金は「－（マイナス）」になります。そこで、PPMT関数の計算結果を「＋（プラス）」で表示するため、あらかじめPPMT関数の先頭に「－（マイナス）」を入力しておきます。

POINT 元利均等返済

元利均等返済とは、返済金額を一定にする支払方法で、「定期返済額＝元金＋利息」で表されます。

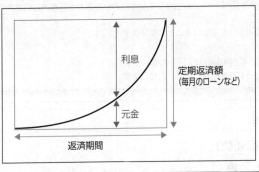

5 ローンの支払い回数を求める

NPER関数を使うと、ローンの返済や目標金額を貯蓄するまでの支払い回数を求めることができます。

●NPER関数

$$=NPER（利率, 定期支払額, 現在価値, 将来価値, 支払期日）$$

❶利率
固定利率の数値またはセルを指定します。

❷定期支払額
定期的な預入金額や支払金額の数値またはセルを指定します。
※❶利率と❷定期支払額は、時間の単位を一致させます。

❸現在価値
貯蓄の場合は頭金、ローンの場合は借入金の数値またはセルを指定します。

❹将来価値
貯蓄の場合は最終的な目標金額、ローンの場合は支払いが終わったあとの残高の数値またはセルを指定します。
※省略できます。省略すると「0」を指定したことになります。

❺支払期日
支払いが期末の場合は「0」、期首の場合は「1」を指定します。
※省略できます。省略すると「0」を指定したことになります。

●ROUNDUP関数

$$=ROUNDUP（数値, 桁数）$$

❶数値
端数を切り上げる数値またはセルを指定します。

❷桁数
端数を切り上げた結果の桁数を指定します。
※桁数の指定方法はROUNDDOWN関数と同じです。

| D8 | | ▼ | : | × | ✓ | f_x | =ROUNDUP(NPER($D$2/12,D$6,$B8,0,$D$3),0) | |

▲	A	B	C	D	E	F	G	H
1		海外旅行貸付プラン						
2		年　利		9.5%				
3		支払日		0	※月初は「1」、月末は「0」を入力			
4								
5		金額別返済回数一覧						
6		毎月の返済額		¥-5,000	¥-10,000	¥-15,000	¥-20,000	
7		借入金						
8		¥150,000		35	17	11	8	
9		¥300,000		82	35	22	17	
10		¥500,000		199	64	39	28	
11								

● セル【D8】に入力されている数式

$$= ROUNDUP\,(NPER\,(\underset{\textbf{❶}}{\$D\$2/12},\underset{\textbf{❷}}{D\$6},\underset{\textbf{❸}}{\$B8},\underset{\textbf{❹}}{0},\underset{\textbf{❺}}{\$D\$3}),\underset{\textbf{❻}}{0})$$

❶年利のセル【D2】を指定し、月利に換算するため「12」で割る。

※数式をコピーするため、絶対参照で指定します。

❷毎月の返済額のセル【D6】を指定する。

※数式をコピーするため、行だけを固定する複合参照で指定します。
※セル【D6】は、支払う金額のため、「－（マイナス）」を付けて入力されています。

❸借入金のセル【B8】を指定する。

※数式をコピーするため、列だけを固定する複合参照で指定します。

❹将来価値は、完済すると仮定し「0」を入力する。

❺支払日のセル【D3】を指定する。

※数式をコピーするため、絶対参照で指定します。

❻NPER関数で求めた数値の小数点以下を切り捨てるため「0」を入力する。

🏆 POINT　小数点以下を切り上げて整数表示にする

NPER関数で求められる数値は、小数点以下まで表示されます。貯蓄は目標金額になるまで支払い、ローンは完済するまで支払う必要があるため、支払回数は小数点以下を切り上げて整数で表示します。
小数点以下を切り上げて整数にする場合は、ROUNDUP関数とNPER関数を組み合わせて使います。

第8章

179

RATE関数を使うと、ローンや貯蓄などの定期的な支払いに対する利率を求めることができます。支払い（手元から出る金額）は「−（マイナス）」、受取や回収（手元に入る金額）は「＋（プラス）」で指定します。

●RATE関数

＝RATE（期間, 定期支払額, 現在価値, 将来価値, 支払期日, 推定値）
   ❶   ❷   ❸   ❹   ❺   ❻

❶期間
ローンや貯蓄を終えるまでの期間の数値またはセルを指定します。
※❶期間と求める利率は、❷定期支払額の時間と単位を一致させます。

❷定期支払額
定期的な預入金額や支払金額の数値またはセルを指定します。

❸現在価値
貯蓄の場合は頭金、ローンの場合は借入金の数値またはセルを指定します。

❹将来価値
貯蓄の場合は最終的な目標金額、ローンの場合は支払いが終わったあとの残高の数値またはセルを指定します。
※省略できます。省略すると「0」を指定したことになります。

❺支払期日
支払いが期末の場合は「0」、期首の場合は「1」を指定します。
※省略できます。省略すると「0」を指定したことになります。

❻推定値
おおよその利率の数値またはセルを指定します。
※省略できます。省略すると「10%」を指定したことになります。

| D8 | ▼ | : | × | ✓ | fx | =RATE($D$2*12,D$6,$B8,0,$D$3) |

▲	A	B	C	D	E	F	G	H
1		海外旅行貸付プラン						
2		支払期間		10年				
3		支払日		0	※月初は「1」、月末は「0」を入力			
4								
5		金額別利率一覧						
6		＼ 毎月の返済額		¥-9,000	¥-10,000	¥-11,000	¥-12,000	
7		借入金 ＼						
8		¥800,000		0.524%	0.724%	0.913%	1.093%	
9		¥900,000		0.311%	0.502%	0.681%	0.851%	
10		¥1,000,000		0.129%	0.311%	0.483%	0.646%	
11								

●セル【D8】に入力されている数式

$$=RATE(\underset{❶}{\$D\$2*12},\underset{❷}{D\$6},\underset{❸}{\$B8},\underset{❹}{0},\underset{❺}{\$D\$3})$$

❶支払期間のセル【D2】を指定し、月数に換算するため「12」を掛ける。

※数式をコピーするため、絶対参照で指定します。

❷毎月の返済額のセル【D6】を指定する。

※数式をコピーするため、行だけを固定する複合参照で指定します。

❸借入金のセル【B8】を指定する。

※数式をコピーするため、列だけを固定する複合参照で指定します。

❹将来価値は、完済すると仮定し「0」を入力する。

❺支払日のセル【D3】を指定する。

※数式をコピーするため、絶対参照で指定します。
※推定値は「10%」を指定することとし、省略します。
※利率を求めるセル範囲【D8：G10】は % (パーセントスタイル)を設定し、 ← (小数点以下の表
示桁数を増やす)を使って小数点以下第3位まで表示しています。

🖐 POINT 利率の表示形式

利率の表示形式に % (パーセントスタイル)を使うと、小数点以下第1位が四捨五入されて
表示されます。パーセンテージを詳細に知る必要がある場合は、 ← (小数点以下の表示桁
数を増やす)を使います。
※ % (パーセントスタイル)と ← (小数点以下の表示桁数を増やす)は、《ホーム》タブ→
《数値》グループにあります。

7 繰上げ返済を試算する

CUMIPMT（キュミュラティブインタレストペイメント）
CUMPRINC（キュミュラティブプリンシパル）

一定額の返済（元利均等返済）における指定した期間の利息の累計と元金の累計を求めるには、CUMIPMT関数とCUMPRINC関数を使います。例えば、住宅ローンの繰上げ返済時に元金をどの程度用意すれば、どの程度の利息を節約できるかという試算に利用することができます。計算結果を「−（マイナス）」表示にしたくない場合は、数式に「−（マイナス）」を掛けて符号を反転させます。
※元利均等返済についてはP.177を参照してください。

●CUMIPMT関数

指定した期間の利息の累計を求めます。

=CUMIPMT（利率, 期間, 現在価値, 開始期, 終了期, 支払期日）
　　　　　❶　　❷　　　❸　　　　❹　　　❺　　　❻

---

❶利率
固定利率の数値またはセルを指定します。

❷期間
支払回数の数値またはセルを指定します。
※❶利率と❷期間は、❹開始期と❺終了期の時間と単位を一致させます。

❸現在価値
借入金額の数値またはセルを指定します。

❹開始期
支払期間の中で計算する最初の期の数値またはセルを指定します。

❺終了期
支払期間の中で計算する最後の期の数値またはセルを指定します。

❻支払期日
支払いが期末の場合は「0」、期首の場合は「1」を指定します。

● CUMPRINC関数

指定した期間の元金の累計を求めます。

$$= \text{CUMPRINC}(\text{利率}, \text{期間}, \text{現在価値}, \text{開始期}, \text{終了期}, \text{支払期日})$$

❶　❷　　❸　　　❹　　　❺　　　❻

---

❶利率
固定利率の数値またはセルを指定します。

❷期間
支払回数の数値またはセルを指定します。
※❶利率と❷期間は、❹開始期と❺終了期の時間と単位を一致させます。

❸現在価値
借入金額の数値またはセルを指定します。

❹開始期
支払期間の中で計算する最初の期の数値またはセルを指定します。

❺終了期
支払期間の中で計算する最後の期の数値またはセルを指定します。

❻支払期日
支払いが期末の場合は「0」、期首の場合は「1」を指定します。

使用例 ●●

| C7 | ▼ | × ✓ fx | =-CUMIPMT($C$12/12,$C$13*12,$C$11,C5,C6,0) |

	A	B	C	D	E	F	G	H	I	J
1		繰上げ返済シミュレーション								
2								●返済予定表		
3		繰上げ返済	案1	案2	案3		回	元金	利息	
4			返済2年目	返済5年目	返済10年目		1	¥73,034	¥51,298	
5		繰上げ開始期	13	49	109		2	¥73,163	¥51,168	
6		繰上げ終了期	30	66	126		3	¥73,293	¥51,038	
7		節約できる利息	874,625	784,747	621,590		4	¥73,423	¥50,908	
8		用意する元金	1,363,337	1,453,215	1,616,372		5	¥73,554	¥50,778	
9							6	¥73,684	¥50,647	
10		●購入条件					7	¥73,815	¥50,516	
11		借入金額	28,900,000				8	¥73,946	¥50,385	
12		年利	2.13%				9	¥74,077	¥50,254	
13		返済期間（年）	25				10	¥74,209	¥50,122	
14							11	¥74,340	¥49,991	
15							12	¥74,472	¥49,859	
16							13	¥74,605	¥49,727	

| 17 | fx | =-CUMPRINC($C$12/12,$C$13*12,$C$11,C5,C6,0) |
| 18 | | |

第8章

183

●セル【C7】に入力されている数式

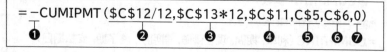

❶利息の累計金額を「＋（プラス）」で表示させるため「－（マイナス）」を入力する。

❷年利のセル【C12】を指定し、月利に換算するため「12」で割る。
※数式をコピーするため、絶対参照で指定します。

❸返済期間のセル【C13】を指定し、月数に換算するため「12」を掛ける。
※数式をコピーするため、絶対参照で指定します。

❹借入金額のセル【C11】を指定する。
※数式をコピーするため、絶対参照で指定します。

❺開始期のセル【C5】を指定する。
※数式をコピーするため、行だけを固定する複合参照で指定します。

❻終了期のセル【C6】を指定する。
※数式をコピーするため、行だけを固定する複合参照で指定します。

❼支払期日は、ローン契約時の翌月から支払うものとし「0」を入力する。

●セル【C8】に入力されている数式

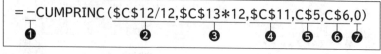

❶元金の累計金額を「＋（プラス）」で表示させるため「－（マイナス）」を入力する。

❷年利のセル【C12】を指定し、月利に換算するため「12」で割る。
※数式をコピーするため、絶対参照で指定します。

❸返済期間のセル【C13】を指定し、月数に換算するため「12」を掛ける。
※数式をコピーするため、絶対参照で指定します。

❹借入金額のセル【C11】を指定する。
※数式をコピーするため、絶対参照で指定します。

❺開始期のセル【C5】を指定する。
※数式をコピーするため、行だけを固定する複合参照で指定します。

❻終了期のセル【C6】を指定する。
※数式をコピーするため、行だけを固定する複合参照で指定します。

❼支払期日は、ローン契約時の翌月から支払うものとし「0」を入力する。

8 ○年後の正味現在価値を求める

関数 **NPV（ネットプレゼントバリュー）**

NPV関数を使うと、投資の正味現在価値を求めることができます。例えば、設備投資にあたり、設備の購入費用と設備を導入したことによって生み出される将来の売上金額を比較し、投資判断に利用することができます。

●NPV関数

=NPV(**割引率, 値1, 値2, ・・・**)
　　　　❶　　　❷

---

❶割引率
投資期間を通じての金利の数値またはセルを指定します。
※将来の金額を金利による利息を割り戻して現在の金額に換算する場合の金利を割引率といいます。

❷値
支払金額は「－（マイナス）」の値で指定し、収入額は「＋（プラス）」の値で指定します。
なお、値は、一定期間後の終わりごと（例えば、会計期間の終わりや年度末など）に発生する金額の流れを順番に入力します。
※値は最大254個まで指定できます。

 POINT 現在価値と正味現在価値

現在価値とは、将来獲得する金額を現時点の価値に換算した金額です。正味現在価値とは、投資で得られる現在価値の総和から投資額を引いたものです。お金の価値は経過時間に伴い、金利によって変化します。このため、将来の金額を現在の金額とそのまま比較することができません。そこで、時期の異なる金額を比較するには、将来の金額を現時点の金額に換算して時期的な金額の価値を一致させます。

🏆 POINT 初期投資の時期による違い

●初期投資を期首(先に一括払い)に行う場合

投資を先に一括払いで行った場合の初期投資額は、現時点の金額であるため、NPV関数による換算の対象外です。このような場合は、NPV関数の計算結果に初期投資額を加算して期ごとの正味現在価値を求めます。

> = NPV(割引率, 値1, 値2, …)+初期投資額

※初期投資額は「-(マイナス)」の値を指定します。したがって、数式上は加算する形になりますが、実際の計算では、初期投資額を引く計算となります。

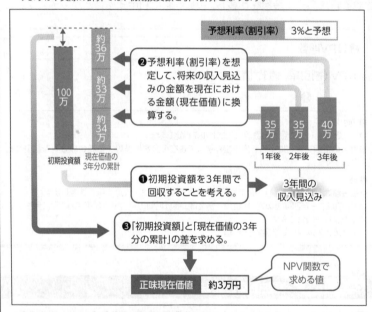

●初期投資を期末(一定期間の末日)に行う場合

NPV関数の引数「値」に初期投資額を含めて、正味現在価値を求めます。

> = NPV(割引率, 初期投資額, 値1, …)

※初期投資額は「-(マイナス)」の値を指定します。

	A	B	C	D	E	F	G
D8	▼	:	× ✓ *fx*	=NPV($C$3,$D$7:D7)+$C6			
1		投資判断					
2		設備投資額	1,000,000		投資判断	投資	
3		割引率	3.0%		※3年以内に回収できれば投資		
4							
5		年	0	1	2	3	
6		初期投資額	-1,000,000				
7		収入	0	350,000	350,000	400,000	
8		正味現在価値	-1,000,000	¥-660,194	¥-330,286	¥35,771	
9							
10		※設備投資は期首一括払いとする					

$$f_x \quad =NPV(\$C\$3,\$D\$7:F7)+\$C6$$

●セル【D8】に入力されている数式

$$=NPV\,(\underset{\textbf{❶}}{\$C\$3},\underset{\textbf{❷}}{\$D\$7:D7})+\underset{\textbf{❸}}{\$C\$6}$$

❶割引率のセル【C3】を指定する。

※数式をコピーするため、絶対参照で指定します。

❷1年後の収支のセル範囲【D7:D7】を指定する。

※金額の流れを年ごとに追加して指定するため、セル範囲の始点のセル【D7】を絶対参照で指定し、終点のセル【D7】を相対参照で指定します。数式をほかの列にコピーすると、2年後までの収入(セル範囲【D7:E7】)、3年後までの収入(セル範囲【D7:F7】)に調整されます。

❸初期投資額のセル【C6】を指定する。

※数式をコピーするため、絶対参照で指定します。

🏅 POINT 投資判断

投資判断を行う場合は、正味現在価値が「+(プラス)」であるかどうかを判断します。

> 将来見込める金額(現時点の換算値)−投資金額>0 → 正味現在価値>0

正味現在価値が「+」になることは、今後見込める売上金額が初期投資額を上回ることを表します。なお、投資判断を行う場合は、回収期間も重要です。使用例の場合は、3年後に正味現在価値が「+」に転じ、投資した資金の回収が見込める結果になっています。

使用例のセル【F2】に入力されている数式(投資判断をIF関数で判定する場合)

> = IF(F8>0,"投資","見送り")→「投資」

3年後の正味現在価値のセル【F8】が「+」の場合は「投資」、「−」の場合は「見送り」と表示します。

IRR（アイアールアール）

IRR関数を使うと、内部利益率を求めることができます。内部利益率とは、現時点でかかる費用と現時点の金額に換算した今後見込める収入との収支が「0」になる金利（割引率）のことです。

●IRR関数

$$=IRR（\underset{❶}{範囲},\ \underset{❷}{推定値}）$$

---

❶範囲

期ごとの一連の金額の出入りが入力されているセル範囲を指定します。金額の出入りについては、支出は「−（マイナス）」、収入は「＋（プラス）」で指定します。

※IRR関数では、指定するセル範囲の中に少なくともひとつずつ「−（マイナス）」（最初にかかる費用）と「＋（プラス）」（今後見込める収入）の値が含まれている必要があります。

※範囲内の文字列や空白セルは計算の対象になりません。

❷推定値

おおよその利率の数値またはセルを指定します。

※省略できます。省略すると「10%」を指定したことになります。

使用例 •

D9	▼	:	× ✓	fx	=IRR(D3:D8)	

	A	B	C	D	E	F	G
1		**出店計画**					
2			出店候補地	吉祥寺	下北沢	荻窪	
3		収入見込み	投資金額（千円）	-18,000	-24,000	-10,000	
4			1年目	3,000	4,500	2,400	
5			2年目	4,500	6,500	2,600	
6			3年目	4,500	6,500	2,600	
7			4年目	4,000	6,000	2,300	
8			5年目	3,900	5,800	2,500	
9			**内部利益率**	3.4%	6.9%	7.6%	
10			**投資判断**	見送り	投資	投資	

●セル【D9】に入力されている数式

$$=IRR(\underset{\textbf{❶}}{D3:D8})$$

❶金額の出入りが入力されているセル範囲【D3：D8】を指定する。
※推定値は「10%」を指定することとして、省略しています。

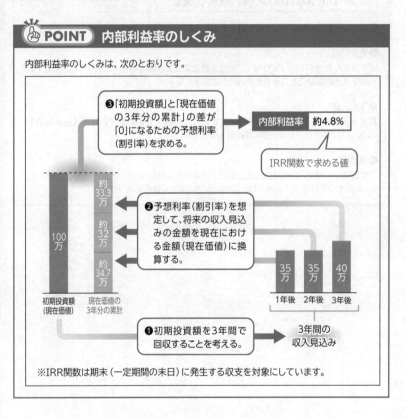

🖐️ POINT　内部利益率のしくみ

内部利益率のしくみは、次のとおりです。

❸「初期投資額」と「現在価値の3年分の累計」の差が「0」になるための予想利率（割引率）を求める。 → 内部利益率　約4.8%

IRR関数で求める値

❷予想利率（割引率）を想定して、将来の収入見込みの金額を現在における金額（現在価値）に換算する。

約33.3万
約32万
約34.7万
100万

初期投資額（現在価値）
現在価値の3年分の累計

35万　35万　40万
1年後　2年後　3年後

❶初期投資額を3年間で回収することを考える。 → 3年間の収入見込み

※IRR関数は期末（一定期間の末日）に発生する収支を対象にしています。

IRR関数で求める内部利益率は、正味現在価値を「0」にする金利（割引率）、つまり、収支が「0」になる金利です。したがって、この金利以内で資金を調達できれば利益が上がるといえます。

使用例のセル【D10】に入力されている数式（投資判断をIF関数で判定する場合）

＝IF（IRR（D3：D8）＞5％, "投資", "見送り"）

使用例の場合、次のように投資判断をすることができます。

●吉祥寺店
当初見込んだ金利（5％）より低く、資金を調達するときの金利を3％以内におさえないと利益が見込めないことになるため、出店は見送ります。

●下北沢店
資金を調達するときの金利が7％以内であれば利益を見込めます。当初見込んだ金利（5％）より2％余裕があり、出店候補地となります。

●荻窪店
下北沢店と同様で、当初見込んだ金利（5％）より3％余裕があり、出店候補地となります。もし、ひとつだけ選択する場合は、金利に余裕のある荻窪店を選びます。

第 9 章

文字列操作関数

1 数値を漢数字で表示する

NUMBERSTRING（ナンバーストリング）

NUMBERSTRING関数を使うと、数値を漢数字に変換して表示できます。
※NUMBERSTRING関数は、《関数の挿入》ダイアログボックスから入力できません。直接入力します。

●NUMBERSTRING関数

＝NUMBERSTRING（数値, 形式）

❶数値
数値またはセルを指定します。
❷形式
漢数字の表示方法を「1」、「2」、「3」のいずれかで指定します。

形式	表示方法	漢数字例（123の場合）
1	位を「十」、「百」、「千」、「万」と表示する	百二十三
2	数字を「壱」、「弐」、「参」のように大字で表示する	壱百弐拾参
3	位を表示せず、数値をそのまま漢数字で表示する	一二三

👆POINT NUMBERSTRING関数とセルの表示形式

セルの表示形式を変更して、数値を漢数字で表示することもできます。セルの表示形式の変更方法は、次のとおりです。
◆数値のセルを選択→《ホーム》タブ→《数値》グループの 🔲 （表示形式）→《表示形式》タブ→《その他》→《漢数字》または《大字》
◆数値のセルを右クリック→《セルの書式設定》→《表示形式》タブ→《その他》→《漢数字》または《大字》

セルの表示形式を変更した場合は、数値データのままなので、計算に利用することができます。これに対し、NUMBERSTRING関数を使うと、文字列に変換されるため、計算に利用することはできません。見積書や請求書など、金額を改ざんされたくない書類の場合は、NUMBERSTRING関数を使って文字列に変換し、値として貼り付けておくと改ざん防止に役立ちます。

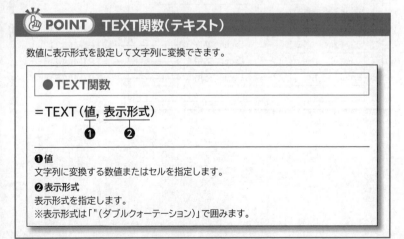

	A	B	C	D	E	F	G	H
3			請求書					
4								
5		株式会社北本電気販売　渋谷店　御中						
6								
7		ご請求金額	弐百弐壱萬参百四拾	円				
8								
9		●ご注文商品						
10		型番	商品名	単価	数量	金額		
11		1011	冷蔵庫BR	198,000	5	990,000		
12		1012	冷蔵庫AC	115,000	5	575,000		
13		1023	電子レンジZY	39,000	3	117,000		
14		1041	炊飯ジャーL	29,800	10	298,000		
15		1071	ジューサーミキサーJM	9,800	3	29,400		
16				小計		2,009,400		
17				消費税	10%	200,940		
18				合計		2,210,340		

(C7 • : × ✓ fx =NUMBERSTRING(F18,2))

●セル【C7】に入力されている数式

$$=NUMBERSTRING(\underset{①}{F18},\underset{②}{2})$$

①合計のセル【F18】を指定する。
②大字形式で表示するため「2」を指定する。

> ### 🔖 POINT TEXT関数（テキスト）
>
> 数値に表示形式を設定して文字列に変換できます。
>
> > ### ●TEXT関数
> >
> > $$=TEXT(\underset{①}{値},\underset{②}{表示形式})$$
> >
> > ---
> >
> > **①値**
> > 文字列に変換する数値またはセルを指定します。
> > **②表示形式**
> > 表示形式を指定します。
> > ※表示形式は「"（ダブルクォーテーション）」で囲みます。

第9章

193

2 文字列の余分な空白を削除する

TRIM（トリム）

TRIM関数を使うと、文字列の中の余分な空白を削除できます。文字列の先頭や末尾に挿入された空白をすべて削除します。また、文字列の間に挿入された複数の空白は、空白をひとつだけ残して削除されます。

●TRIM関数

＝TRIM（**文字列**）
　　　　　　❶

---

❶文字列
文字列またはセルを指定します。
※文字列を指定する場合は「"（ダブルクォーテーション）」で囲みます。
※空白が連続して入力してある場合は、全角と半角に関係なく前にある空白が残ります。

例）
セル範囲【A2：A5】に余分な空白が入力されている文字列がある場合

	A	B	C	D
1	セミナー名			
2	Excel　基礎	→	Excel　基礎 ●	＝TRIM(A2)
3	Excel　基礎	→	Excel　基礎 ●	＝TRIM(A3)
4	Excel　応用	→	Excel　応用 ●	＝TRIM(A4)
5	Excel　応用	→	Excel　応用 ●	＝TRIM(A5)
6				

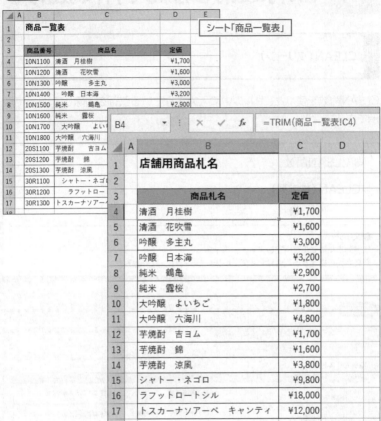

	A	B	C	D	E
1		**商品一覧表**			シート「商品一覧表」
2					
3		商品番号	商品名	定価	
4		10N1100	清酒　月桂樹	¥1,700	
5		10N1200	清酒　花吹雪	¥1,600	
6		10N1300	吟醸　　多主丸	¥3,000	
7		10N1400	吟醸　日本海	¥3,200	
8		10N1500	純米　　鶴亀	¥2,900	
9		10N1600	純米　露桜		
10		10N1700	大吟醸　よい		
11		10N1800	大吟醸　六海川		
12		20S1100	芋焼酎　吉ヨム		
13		20S1200	芋焼酎　錦		
14		20S1300	芋焼酎　涼風		
15		30R1100	シャトー・ネゴ		
16		30R1200	ラフットロー		
17		30R1300	トスカーナソアー		

B4　　　▼　：　×　✓　fx　　=TRIM(商品一覧表!C4)

	A	B	C	D
1		**店舗用商品札名**		
2				
3		商品札名	定価	
4		清酒　月桂樹	¥1,700	
5		清酒　花吹雪	¥1,600	
6		吟醸　多主丸	¥3,000	
7		吟醸　日本海	¥3,200	
8		純米　鶴亀	¥2,900	
9		純米　露桜	¥2,700	
10		大吟醸　よいちご	¥1,800	
11		大吟醸　六海川	¥4,800	
12		芋焼酎　吉ヨム	¥1,700	
13		芋焼酎　錦	¥1,600	
14		芋焼酎　涼風	¥3,800	
15		シャトー・ネゴロ	¥9,800	
16		ラフットロートシル	¥18,000	
17		トスカーナソアーベ　キャンティ	¥12,000	

● セル【B4】に入力されている数式

=TRIM(商品一覧表!C4)
　　　　　❶

❶ 余分な空白を削除する文字列として、シート**「商品一覧表」**の商品名が入力
　されているセル【C4】を指定する。

※別シートを参照する場合は「シート名!セルまたはセル範囲」で指定します。

3 セル内の改行を削除して1行で表示する

CLEAN（クリーン）

CLEAN関数を使うと、セルの中に入力されている改行を削除して、1行で表示できます。

●CLEAN関数

$$=CLEAN(文字列)$$
　　　　　　❶

---

❶文字列
文字列またはセルを指定します。
※文字列を指定する場合は「"（ダブルクォーテーション）」で囲みます。

使用例 •

| C3 | ▼ | : | × ✓ fx | =CLEAN(B3) |

	A	B	C	D
1	取引先リスト			
2	コード	取引先	取引先	住所
3	1001	株式会社エクセル商会 第1営業部	株式会社エクセル商会第1営業部	東京都三鷹市井の頭X-X-X
4	1002	エフオーエムシステム株式会社 システム事業部	エフオーエムシステム株式会社システム事業部	東京都世田谷区北烏山X-X-X
5	1003	江国文芸株式会社 編集事業部	江国文芸株式会社編集事業部	東京都杉並区西荻南X-X-X
6	1004	システム小金井株式会社 通信事業部	システム小金井株式会社通信事業部	東京都小金井市前原町X-X-X
7	1005	柏通信システム株式会社 情報システム部	柏通信システム株式会社情報システム部	千葉県柏市泉町X-X-X
8	1006	有限会社三吉プロジェクト 製作部	有限会社三吉プロジェクト製作部	千葉県浦安市高洲X-X-X
9	1007	横浜スーパーパック株式会社 第2営業部	横浜スーパーパック株式会社第2営業部	神奈川県平塚市真田X-X-X
10	1008	稲荷総合企画研究所 ソフトウェア開発部	稲荷総合企画研究所ソフトウェア開発部	埼玉県川越市稲荷町X-X-X
11	1009	有限会社上尾情報システム メンテナンス事業部	有限会社上尾情報システムメンテナンス事業部	埼玉県上尾市上野X-X-X
12	1010	ジー・ダイレクト株式会社 サービス事業部	ジー・ダイレクト株式会社サービス事業部	静岡県伊東市新井X-X-X
13				

●セル【C3】に入力されている数式

=CLEAN(B3)
❶

❶ セルの中で改行して2行で表示されている取引先のセル【B3】を指定する。

POINT 関数を使って表を整えたあとの処理

セルに表示されている値は、関数の計算結果を表示しているため、関数が参照しているセルを削除してしまうと、参照するデータがなくなり、エラーが表示されてしまいます。関数を使って表を整えたあとは、関数を入力したセルをコピーして、値として貼り付けます。
数式を値として貼り付ける方法は、次のとおりです。

◆関数が入力されているセル範囲を選択→《ホーム》タブ→《クリップボード》グループの
🖺（コピー）→📋（貼り付け）の 貼り付け → 423（値）

例）
使用例で求めた結果を値として貼り付ける場合

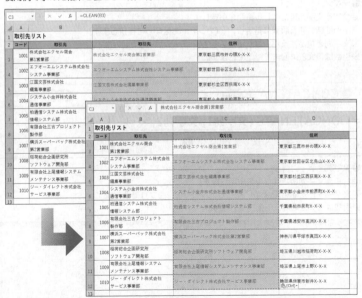

※数式バーとセルの表示が一致します。B列の「取引先」との参照関係がなくなったので、B列を削除することができます。

4 複数のセルの文字列を結合して表示する

CONCAT（コンカット）/CONCATENATE（コンカティネイト）

CONCAT関数/CONCATENATE関数を使うと、複数の文字列を結合してひとつの文字列として表示できます。
文字列は結合する順番に指定し、「, （カンマ）」で区切って指定します。

● **CONCAT関数**   `2019`

＝CONCAT（テキスト1, テキスト2, ・・・）

         ❶

❶**テキスト**
結合する文字列またはセル範囲を指定します。
文字列は結合する順番に指定し、「, （カンマ）」で区切って指定します。
※文字列を指定する場合は「"（ダブルクォーテーション）」で囲みます。
※引数は最大254個まで指定できます。

● **CONCATENATE関数**   `2016` `2013`

＝CONCATENATE（文字列1, 文字列2, ・・・）

              ❶

❶**文字列**
結合する文字列またはセルを指定します。
※文字列を指定する場合は「"（ダブルクォーテーション）」で囲みます。
※引数は最大255個まで指定できます。

B4	▼	:	×	✓	*fx*	=CONCAT(C4,"－",D4)		

▲	A	B	C	D	E	F	G
1		**6月開催セミナー**					
2							
3		セミナーコード	教室名	開催日	セミナー名	受講料	
4		A101－1	A101	1日	再就職支援セミナー	¥16,000	
5		A101－6	A101	6日	若者向け創業セミナー	¥18,000	
6		A101－13	A101	13日	働く女性セミナー	¥10,000	
7		B201－9	B201	9日	SNS活用術	¥16,000	
8		B201－20	B201	20日	ワークライフバランス	¥12,000	
9		C301－13	C301	13日	HTML初級	¥12,000	
10		C301－24	C301	24日	HTML中級	¥12,000	
11		C301－30	C301	30日	HTML上級	¥12,000	
12		D401－13	D401	13日	簿記初級	¥18,000	
13		D401－21	D401	21日	簿記中級	¥18,000	
14							

● セル【B4】に入力されている数式

$$=CONCAT\,(\underset{❶}{C4,"－",D4})$$

$$=CONCATENATE\,(\underset{❶}{C4,"－",D4})$$

❶ 教室名と開催日の日付を結合してセミナー番号にするため、教室名のセル【C4】、文字列「"－"」、開催日のセル【D4】を指定する。

※開催日のセル範囲【D4：D13】には、表示形式「#"日"」が設定されています。

POINT　CONCAT関数とCONCATENATE関数の違い

どちらの関数も結合する文字列やセルを「,（カンマ）」で区切って指定しますが、CONCAT関数では連続した複数のセルを指定する場合にセル範囲として指定できます。

例）
セル範囲【B2：D2】の文字列を結合する場合
=CONCAT(B2：D2)
=CONCATENATE(B2,C2,D2)

関数 CONCAT（コンカット）/CONCATENATE（コンカティネイト）
CHAR（キャラクター）

CONCAT関数/CONCATENATE関数にCHAR関数を組み合わせると、別々のセルに入力された文字列をつなげて、つなげた文字列と文字列の間で改行して表示できます。

●CONCAT関数　　　　　　　　　　　　　　　　　　2019

複数の文字列を結合してひとつの文字列として表示できます。

$$=CONCAT（\underline{テキスト1, テキスト2, \cdots}）$$

---

❶テキスト
結合する文字列またはセル範囲を指定します。
文字列は結合する順番に指定し、「,（カンマ）」で区切って指定します。
※文字列を指定する場合は「"（ダブルクォーテーション）」で囲みます。
※引数は最大254個まで指定できます。

●CONCATENATE関数　　　　　　　　　　　　2016 2013

複数の文字列を結合してひとつの文字列として表示できます。

$$=CONCATENATE（\underline{文字列1, 文字列2, \cdots}）$$

---

❶文字列
結合する文字列またはセルを指定します。
※文字列を指定する場合は「"（ダブルクォーテーション）」で囲みます。
※引数は最大255個まで指定できます。

●CHAR関数

文字コード番号に対応する文字を表示できます。

= CHAR (数値)
     ❶

❶数値

数値またはセルを指定します。

例)
様々な文字コード番号に対する文字を表示する場合
※文字コード番号とは、規格で定められた文字の番号のことです。

B2	▼	:	× ✓	fx	=CHAR(A2)	
▲	A	B	C	D	E	F	G
1	番号	文字列	番号	文字列	番号	文字列	
2	41	)	61	=	66	B	
3	42	*	62	>	67	C	
4	43	+	63	?	68	D	
5	44	,	64	@	69	E	
6	45	-	65	A	70	F	
7							

POINT　CONCAT関数/CONCATENATE関数とCHAR関数の組み合わせ

CONCAT関数/CONCATENATE関数にCHAR関数を組み合わせると、文字列と文字列の間に改行を入れて2行で表示することができます。

= CONCAT (テキスト1, CHAR (10), テキスト2)
       ❶   ❷   ❸

= CONCATENATE (文字列1, CHAR (10), 文字列2)
        ❶   ❷   ❸

❶文字列をつなげたときに、最初に表示する文字列を文字列1に指定します。
❷文字列1と文字列2の間にCHAR関数を使って、改行を入れます。改行を表す文字コード番号は、規格で「10」と定められています。
❸改行したあとに表示する文字列を文字列2に指定します。

| D3 | ▼ | : | × ✓ fx | =CONCAT(B3,CHAR(10),C3) |

◢	A	B	C	D	E
1	会員リスト				
2	氏名	住所1	住所2	住所	
3	麻生 瑞希	東京都青梅市天ヶ瀬町X-X-X	グリーンパレス102	東京都青梅市天ヶ瀬町X-X-X グリーンパレス102	
4	木元 涼	埼玉県上尾市上野X-X-X	アルカディア601	埼玉県上尾市上野X-X-X アルカディア601	
5	梅田 恵一	埼玉県川越市稲荷町X-X-X	ハイツB305	埼玉県川越市稲荷町X-X-X ハイツB305	
6	今井 まりあ	埼玉県川越市石田X-X-X	クイーンビレッジ102	埼玉県川越市石田X-X-X クイーンビレッジ102	
7	大杉 浩二	神奈川県横浜市旭区白根X-X-X	コート白根506	神奈川県横浜市旭区白根X-X-X コート白根506	
8	江木 正太郎	神奈川県海老名市河原口X-X-X	ビルセゾン801	神奈川県海老名市河原口X-X-X ビルセゾン801	
9	平川 愛由	千葉県我孫子市泉X-X-X	トキワハイツ305	千葉県我孫子市泉X-X-X トキワハイツ305	
10	松岡 弘美	埼玉県所沢市東狭山ヶ丘X-X-X	パールパレス308	埼玉県所沢市東狭山ヶ丘X-X-X パールパレス308	
11					

●セル【D3】に入力されている数式

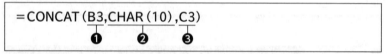

=CONCAT (B3,CHAR (10),C3)
　　　　　❶　　　　❷　　　❸

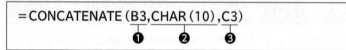

=CONCATENATE (B3,CHAR (10),C3)
　　　　　　　　❶　　　　❷　　　❸

❶文字列1に住所1のセル【B3】を指定する。

❷文字列と文字列の間に改行を入れるため、CHAR関数を使って、改行を表す「10」を指定する。

❸文字列2に住所2のセル【C3】を指定する。

※セル範囲【D3：D10】が折り返して全体を表示するように設定し、確認しておきましょう。

🖐 POINT セルの折り返し

セルの内容を折り返して全体を表示する方法は、次のとおりです。
◆セルを選択→《ホーム》タブ→《配置》グループの 🔁 （折り返して全体を表示する）
◆セルを右クリック→《セルの書式設定》→《配置》タブ→《☑折り返して全体を表示する》

CHAR関数は、文字コード番号に対応する文字を表示しますが、逆に、文字に対応する文字コード番号を調べたい場合は、CODE関数を利用します。CHAR関数とCODE関数は互いに逆の機能を持つ関数です。

●CODE関数

= CODE（文字列）
　　　　　❶

---

❶文字列
文字列またはセルを指定します。
※文字列を指定する場合は「"（ダブルクォーテーション）」で囲みます。

例）
英字のコード番号を求める場合

	A	B	C	D	E
			f_x	=CODE(A2)	
1	文字列	番号	文字列	番号	
2	A	65	a	97	
3	B	66	b	98	
4	C	67	c	99	
5	X	88	x	120	
6	Y	89	y	121	
7	Z	90	z	122	
8					

※大文字の英字のコード番号は「65」から「90」まで、小文字の英字のコード番号は「97」から「122」までです。

6 区切り文字を使用して文字列を結合する

関数 TEXTJOIN（テキストジョイン）

TEXTJOIN関数を使うと、指定した区切り文字を挿入しながら、複数の数の文字列を結合してひとつの文字列として表示できます。

● TEXTJOIN関数 `2019`

= TEXTJOIN（区切り文字, 空のセルは無視, テキスト1, ・・・）
　　　　　　　❶　　　　　　**❷**　　　　　**❸**

---

❶区切り文字
文字列の間に挿入する区切り文字を指定します。

❷空のセルは無視
「TRUE」または「FALSE」を指定します。「TRUE」を指定すると、セルが未入力だと区切り文字は挿入しません。「FALSE」を指定すると、セルが未入力でも区切り文字を挿入します。

❸テキスト1
結合する文字列を指定します。
※文字列を指定する場合は「"（ダブルクォーテーション）」で囲みます。

使用例 ●

	A	B	C	D	E	F	G
1	会員連絡先						
2	氏名	市外局番	市内局番	加入者番号	電話番号		
3	麻生　瑞希	0428	22	XXXX	0428-22-XXXX		
4	木元　涼	048	775	XXXX	048-775-XXXX		
5	梅田　憲一	049	224	XXXX	049-224-XXXX		

●セル【E3】に入力されている数式

= TEXTJOIN（"−",TRUE,B3：D3）
　　　　　　　❶　　**❷**　　**❸**

❶文字列と文字列の間に、区切り文字として「−（ハイフン）」を挿入する。
❷セルが未入力の場合は区切り文字は挿入しない。
❸結合する文字列として、セル範囲【B3：D3】を指定する。

データの一部の文字を別の文字に置き換える

関数 REPLACE(リプレース)

REPLACE関数を使うと、文字の位置と文字数を指定して、文字列の一部を別の文字に置き換えることができます。文字数の指定を省略すると、指定した位置に別の文字を挿入することができます。

●REPLACE関数

=REPLACE(**文字列**, **開始位置**, **文字数**, **置換文字列**)
　　　　　 ❶　　　　 ❷　　　　 ❸　　　　 ❹

---

❶文字列
文字列またはセルを指定します。
※文字列を指定する場合は「"(ダブルクォーテーション)」で囲みます。

❷開始位置
❶文字列の何文字目から置き換えるのかを数値またはセルで指定します。

❸文字数
何文字分置き換えるのかを数値またはセルで指定します。
※省略できます。省略すると、❷開始位置に❹置換文字列を挿入します。

❹置換文字列
置換する文字列またはセルを指定します。
※文字列を指定する場合は「"(ダブルクォーテーション)」で囲みます。
※省略できます。省略すると、❷開始位置の文字を削除します。

例)
会員コードの先頭の1文字を「M」に置き換える場合

B3	▼ :	× ✓ fx	=REPLACE(A3,1,1,"M")	
	A	B	C	D	E
1	**会員データ更新**				
2	**会員コード**	**新コード**	**氏名**	**備考**	
3	D1001	M1001	沢村　洋子	デイからマスターへ	
4	N5001	M5001	榎本　愛	ナイトからマスターへ	
5	H8050	M8050	佐伯　理恵	ホリデーからマスターへ	
6					

POINT REPLACE関数の組み合わせ

REPLACE関数にREPLACE関数を組み合わせると、同時に2つの文字列を置き換えることができます。

$$
= REPLACE(\underset{\text{文字列2}}{\boxed{REPLACE(\text{文字列1,開始位置1,文字数1,置換文字列1})}},
$$

開始位置2,文字数2,置換文字列2)

REPLACE関数（外側）の文字列2にREPLACE関数（内側）を指定します。内側のREPLACE関数は、文字列1を何文字目（開始位置1）から何文字分（文字数1）置換するのかを指定し、置換文字列1に置換後の文字列を指定します。
外側のREPLACE関数は、内側のREPLACE関数で置換された文字列2を、何文字目（開始位置2）から何文字分（文字数2）置換するのかを指定し、置換文字列2に置換後の文字列を指定します。

使用例 ●

| C3 | ▼ : | × ✓ fx | =REPLACE(REPLACE(B3,4,,"-"),1,,"〒") | | |

	A	B	C	D	E
1	会員リスト				
2	氏名	郵便番号	郵便番号置換	住所1	住所2
3	麻生 瑞希	1980087	〒198-0087	東京都青梅市天ヶ瀬町X-X-X	グリーンパレス102
4	鍵本 考	3430831	〒343-0831	埼玉県越谷市伊原X-X-X	
5	臼田 里美	3620034	〒362-0034	埼玉県上尾市愛宮X-X-X	
6	木元 涼	3620058	〒362-0058	埼玉県上尾市上野X-X-X	アルカディア601
7	熊本 真理子	3620002	〒362-0002	埼玉県上尾市南X-X-X	
8	梅田 恵一	3501144	〒350-1144	埼玉県川越市稲荷町X-X-X	ハイツB305
9	榎木 誠一	3501164	〒350-1164	埼玉県川越市青柳X-X-X	
10	今井 まりあ	3500837	〒350-0837	埼玉県川越市石田X-X-X	クイーンビレッジ102
11	浅田 惣一	3580027	〒358-0027	埼玉県入間市上小谷田X-X-X	
12	大町 悠一	3580023	〒358-0023	埼玉県入間市扇台X-X-X	
13	磯部 竜太	2410817	〒241-0817	神奈川県横浜市旭区今宿X-X-X	
14	大杉 浩二	2410005	〒241-0005	神奈川県横浜市旭区白根X-X-X	コート白根506
15	相田 元	2220004	〒222-0004	神奈川県横浜市港北区大曽根台X-X-X	
16	岡部 剛	2230051	〒223-0051	神奈川県横浜市港北区箕輪町X-X-X	
17	江木 正太郎	2430433	〒243-0433	神奈川県海老名市河原口X-X-X	ビルセゾン801
18	上原 拓哉	2430423	〒243-0423	神奈川県海老名市今里X-X-X	
19	岡田 幸雄	2430402	〒243-0402	神奈川県海老名市柏ヶ谷X-X-X	
20	真下 希	2790023	〒279-0023	千葉県浦安市高洲X-X-X	
21	羽鳥 清二	2790022	〒279-0022	千葉県浦安市今川X-X-X	
22	浜田 美佐子	2701173	〒270-1173	千葉県我孫子市青山X-X-X	
23	平川 愛由	2701142	〒270-1142	千葉県我孫子市泉X-X-X	トキワハイツ305
24					

●セル【C3】に入力されている数式

```
=REPLACE (REPLACE (B3,4 ,, "−") ,1 ,, "〒")
         ❶       ❷❸ ❹  ❺❻ ❼
```

❶REPLACE関数の文字列にREPLACE関数を組み合わせる。組み合わされた内側のREPLACE関数は、文字列に、郵便番号のセル【B3】を指定する。

❷4文字目に「−(ハイフン)」を挿入するため、内側のREPLACE関数の開始位置に「4」を指定する。

❸内側のREPLACE関数の文字数は、文字列を挿入するため、省略する。

❹内側のREPLACE関数の置換文字列に「−(ハイフン)」を指定する。「−(ハイフン)」の前後を「"(ダブルクォーテーション)」で囲む。

❺組み合わせた外側のREPLACE関数の開始位置に「1」を指定する。

❻外側のREPLACE関数の文字数は、文字列を挿入するため、省略する。

❼外側のREPLACE関数の置換文字列に「〒」を指定する。「〒」の前後を「"(ダブルクォーテーション)」で囲む。

👍 POINT　LEN関数(レン)

LEN関数を使うと、指定した文字列の文字数を求めることができます。全角半角に関係なく1文字を1と数えます。
LEN関数は単体で使うよりも、REPLACE関数やSUBSTITUTE関数、MID関数、LEFT関数などの文字数を指定する引数として組み合わせて使われます。

●LEN関数

```
=LEN (文字列)
      ❶
```

❶文字列
文字列またはセルを指定します。数字や記号、空白、句読点なども文字列に含まれます。

例)
=LEN("東京都港区海岸1-16-1") → 13

MID関数を使うと、文字列の中の指定した位置から指定文字数分の文字列を取り出すことができます。

●MID関数

＝MID（**文字列, 開始位置, 文字数**）
　　　　　❶　　　❷　　　❸

❶文字列
文字列またはセルを指定します。
※文字列を指定する場合は「"（ダブルクォーテーション）」で囲みます。

❷開始位置
取り出す文字位置を数値またはセルで指定します。数値は文字列の先頭を1文字目として文字単位で指定します。

❸文字数
取り出す文字数を数値またはセルで指定します。

例)
セル【B3】の5文字目から2文字を取り出し、色コードとしてセル【C3】に表示する場合

C3	▼	:	×	✓	fx	=MID(B3,5,2)

▲	A	B	C	D	E	F	G	H
1						●色コード表		
2		商品コード	色コード	商品カラー		色コード	商品カラー	
3		S01-WH-S	WH	白		BL	黒	
4		S01-YE-M	YE	黄		WH	白	
5		D02-BL-M	BL	黒		GR	緑	
6		K03-GR-L	GR	緑		YE	黄	
7								

C4	▼	:	× ✓	*fx*	=MID(B4,2,4)		
▲	A	B	C	D	E	F	G
1	留学選考試験受験者一覧						
2							
3	受験番号	学籍番号	入学年度	学部名	学年	氏名	
4	1001	H2020028	2020	法学部	1	阿部　大吾	
5	1002	I2019137	2019	医学部	1	安藤　緑	
6	1003	S2019260	2019	商学部	2	遠藤　翔	
7	1004	Z2019091	2019	経済学部	2	布施　望結	
8	1005	Z2020049	2020	経済学部	1	後藤　仰樹	
9	1006	J2019021	2019	情報学部	2	長谷川　大空	
10	1007	J2018010	2018	情報学部	2	服部　峻也	
11	1008	S2020110	2020	商学部	1	本田　真央	
12	1009	H2019121	2019	法学部	2	本多　達也	
13	1010	N2019128	2019	農学部	2	井上　真紀	
14	1011	Z2020086	2020	経済学部	1	伊藤　祐輔	
15	1012	S2019244	2019	商学部	2	藤原　美和	
16	1013	K2020153	2020	工学部	1	加藤　光男	
17	1014	Z2020133	2020	経済学部	1	加藤　芳枝	
18	1015	H2020012	2020	法学部	1	加藤　淑子	
19	1016	H2020201	2020	法学部	1	木村　治男	
20	1017	J2020082	2020	情報学部	1	近藤　秋子	
21	1018	K2011		学部		睦月	

● セル【C4】に入力されている数式

$$=MID(B4,2,4)$$
❶ ❷ ❸

❶ 指定した文字数を取り出す学籍番号のセル【B4】を指定する。

❷ 2文字目から取り出すため「2」を入力する。

❸ 4文字取り出すため「4」を入力する。

9 文字列を置き換える

SUBSTITUTE（サブスティテュート）

SUBSTITUTE関数を使うと、検索された文字列を指定した文字列に置き換えることができます。指定した文字列が複数ある場合は、何番目にある文字列を置き換えるか指定することもできます。

●SUBSTITUTE関数

=SUBSTITUTE（<u>文字列</u>, <u>検索文字列</u>, <u>置換文字列</u>, <u>置換対象</u>）
     ❶   ❷   ❸   ❹

---

❶文字列
検索の対象となる文字列またはセルを指定します。
※文字列を指定する場合は「"（ダブルクォーテーション）」で囲みます。

❷検索文字列
検索する文字列またはセルを指定します。
※文字列を指定する場合は「"（ダブルクォーテーション）」で囲みます。
※アルファベットを指定した場合、大文字と小文字は区別しません。

❸置換文字列
置き換える文字列またはセルを指定します。
※文字列を指定する場合は「"（ダブルクォーテーション）」で囲みます。

❹置換対象
複数の検索文字列が見つかった場合、何番目の文字列を置き換えるかを数値またはセルで指定します。
※省略できます。省略するとすべての検索対象の文字列を置き換えます。

例）
セル【B3】に入力されている「①」を「基礎」に置き換えてセル【C3】に表示する場合

C3	▼	:	×	✓	fx	=SUBSTITUTE(B3,"①","基礎")		

◢	A	B	C	D	E	F
1						
2		テキスト名	講座名			
3		イタリアン①	イタリアン基礎			
4		フレンチ①	フレンチ基礎			
5						

F6	▼	:	×	✓	fx	=SUBSTITUTE(E6,"福井","矢野")		

▲	A	B	C	D	E	F	G	H
1		**顧客リスト**				2020年		
2								
3		担当者変更	福井→矢野					
4								
5		**顧客名**	**顧客担当者名**	**電話番号**	**旧担当者**	**新担当者**		
6		青木家電	田中　聡	03-3255-XXXX	田村	田村		
7		松野システム	角田　理恵	03-5401-XXXX	山田	山田		
8		タカイ企画	坂野　陽子	045-213-XXXX	沖田	沖田		
9		根本機械	辻本　哲平	045-355-XXXX	福井	矢野		
10		境屋特選館	羽田　芳郎	046-861-XXXX	山田	山田		
11		夕日食品	横山　まり	03-5487-XXXX	田村	田村		
12		尾林貿易	宍戸　美智子	045-443-XXXX	荒木	荒木		
13		赤丸福百貨店	長谷川　誠	03-3554-XXXX	福井	矢野		
14								

●セル【F6】に入力されている数式

$$=SUBSTITUTE\ (\underset{❶}{E6},\ \underset{❷}{"福井"},\ \underset{❸}{"矢野"})$$

❶検索の対象となる旧担当者のセル【E6】を指定する。

❷検索する文字列として「**"福井"**」を入力する。

❸置き換える文字列として「**"矢野"**」を入力する。

※すべての文字列を置き換えるため、置換対象は省略します。

🖐 POINT　指定した文字列がない場合

❷検索文字列がない場合、❶文字列がそのまま表示されます。

🖐 POINT　複数の文字列の置換

置換する文字列が複数ある場合、❶文字列の中にSUBSTITUTE関数を組み合わせると一度に置換できます。

例)
福井を矢野へ、田村を山中へ置換する場合
=SUBSTITUTE(SUBSTITUTE(E6,"福井","矢野"),"田村","山中")

関数
LEFT（レフト）
FIND（ファインド）

文字列の左端から異なる長さの文字列を取り出す場合は、LEFT関数とFIND関数を組み合わせて使います。例えば、氏名の文字列の左端から**「姓」**を取り出したり、所属の文字列の左端から**「所属部」**を取り出したりすることができます。

●LEFT関数

文字列の左端から指定した文字数分の文字列を取り出すことができます。

=LEFT（**文字列, 文字数**）

❶ ❷

❶文字列
文字列またはセルを指定します。
※文字列を指定する場合は「"（ダブルクォーテーション）」で囲みます。

❷文字数
取り出す文字数を数値またはセルで指定します。
※省略できます。省略すると「1」を指定したことになり、先頭の文字列が取り出されます。

●FIND関数

検索した文字列が何文字目にあるかを求めます。

=FIND（**検索文字列, 対象, 開始位置**）

❶ ❷ ❸

❶検索文字列
検索する文字列またはセルを指定します。
※文字列を指定する場合は「"（ダブルクォーテーション）」で囲みます。

❷対象
検索対象となる文字列またはセルを指定します。
※文字列を指定する場合は「"（ダブルクォーテーション）」で囲みます。

❸開始位置
検索を開始する位置を数値またはセルで指定します。数値は対象の先頭を1文字目として文字単位で指定します。
※省略できます。省略すると「1」を指定したことになり、先頭の文字列から検索を開始します。

| C4 | ▼ | : | × | ✓ | fx | =LEFT(B4,FIND("部",B4)) |

	A	B	C	D	E	F	G
1		社員リスト					
2							
3		所属	部	課・グループ	社員番号	氏名	
4		総務部総務課	総務部	総務課	89082	早川　孝明	
5		総務部人事課	総務部	人事課	02016	笹岡　達郎	
6		総務部人事課	総務部	人事課	95057	橋本　雅	
7		総務部経理課	総務部	経理課	06082	坂本　雅人	
8		総務部経理課	総務部	経理課	93113	根本　幸恵	
9		第1営業部公共グループ	第1営業部	公共グループ	90151	高木　哲平	
10		第1営業部文教グループ	第1営業部	文教グループ	98035	金子　佳美	
11		第2営業部製造グループ	第2営業部	製造グループ	88102	塚本　礼	
12		第2営業部金融グループ	第2営業部	金融グループ	97134	飯塚　誠二	
13							

●セル【C4】に入力されている数式

= LEFT (B4,FIND ("部",B4))
    ❶   ❷

❶指定した文字列を取り出す所属のセル【B4】を指定する。
❷FIND関数を使って、所属のセル【B4】の文字列内にある「"部"」が何文字目かを求める。

👆 POINT　RIGHT関数(ライト)

文字列の右端から指定した文字数分の文字列を取り出すことができます。

●RIGHT関数

=RIGHT(文字列, 文字数)

    ❶   ❷

❶文字列
文字列またはセルを指定します。
※文字列を指定する場合は「"(ダブルクォーテーション)」で囲みます。

❷文字数
取り出す文字数を数値またはセルで指定します。
※省略できます。省略すると「1」を指定したことになり、最後の文字列が取り出されます。

IF（イフ）
EXACT（イグザクト）

2つの文字列を比較して一致したときの処理と異なっていたときの処理を
指定する場合、IF関数とEXACT関数を組み合わせて使います。

●IF関数

指定した条件を満たしている場合と満たしていない場合の結果を表示できます。この関数は
「論理関数」に分類されています。

$$=IF（論理式, 真の場合, 偽の場合）$$

---

❶論理式
判断の基準となる数式を指定します。

❷真の場合
❶の結果が真の場合の処理を数値または数式、文字列で指定します。

❸偽の場合
❶の結果が偽の場合の処理を数値または数式、文字列で指定します。
※❷真の場合と❸偽の場合が文字列の場合は「"（ダブルクォーテーション）」で囲みます。

●EXACT関数

文字列を比較して、等しいかどうかを調べることができます。等しい場合は「TRUE」を返し、
等しくない場合は「FALSE」を返します。

$$=EXACT（文字列1, 文字列2）$$

---

❶文字列1
文字列またはセルを指定します。
※文字列を指定する場合は「"（ダブルクォーテーション）」で囲みます。

❷文字列2
文字列1と比較する文字列またはセルを指定します。
※文字列を指定する場合は「"（ダブルクォーテーション）」で囲みます。

G4	▼	:	× ✓	fx	=IF(EXACT(E4,F4),"","要連絡")		

▲	A	B	C	D	E	F	G	H
1		営業スキルアップセミナー受講者リスト						
2								
3		社員番号	氏名	内線	第1回出欠	第2回出欠	備考	
4		92012	大月　健一郎	183	出席	出席		
5		96067	山本　喜一	166	出席	出席		
6		08034	畑田　加奈子	170	欠席	出席	要連絡	
7		01124	野村　桜	175	出席	欠席	要連絡	
8		90085	杉山　真一	237	欠席	欠席		
9		89165	葉山　南	221	出席	出席		
10		02236	立川　洋平	218	出席	出席		
11		91218	大野　恭子	217	出席	出席		
12		05136	佐々木　律子	250	出席	欠席	要連絡	
13								

● セル【G4】に入力されている数式

$$=IF(\underline{EXACT(E4,F4)},\underline{""},\underline{"要連絡"})$$
　　　　❶　　　　　　❷　　❸

❶EXACT関数を使って、「第1回出欠のセル【E4】と第2回出欠のセル【F4】が
等しい」という条件を入力する。

❷条件を満たしている場合、何も表示しないため「""」を入力する。

❸条件を満たしていない場合、表示する文字列として「"要連絡"」を入力する。

12 アルファベットの先頭を大文字にする

関数 PROPER（プロパー）

PROPER関数を使うと、指定したアルファベットの先頭の文字列を大文字に、2文字目以降を小文字に変換できます。

●PROPER関数

=PROPER（文字列）
❶

---

❶文字列
文字列またはセルを指定します。
※文字列を指定する場合は「"（ダブルクォーテーション）」で囲みます。
※全角や半角の区別なくアルファベットの1文字目を大文字、2文字目以降を小文字に変換します。

例）
セル【A1】に「excel」と入力されている場合
=PROPER（A1） → Excel

使用例 ●

F4	▼	:	× ✓	fx	=PROPER(E4)	

	A	B	C	D	E	F	G
1		営業部員一覧					
2							
3		所属		氏名	ローマ字	名刺用英字名	
4		第1営業部	公共グループ	大月　健一郎	ootsuki kenichiro	Ootsuki Kenichiro	
5		第1営業部	公共グループ	山本　喜一	yamamoto kiichi	Yamamoto Kiichi	
6		第1営業部	公共グループ	畑田　加奈子	hatada kanako	Hatada Kanako	
7		第1営業部	文教グループ	野村　桜	nomura sakura	Nomura Sakura	
8		第1営業部	文教グループ	杉山　真一	sugiyama sinichi	Sugiyama Sinichi	
9		第2営業部	製造グループ	葉山　南	hayama minami	Hayama Minami	
10		第2営業部	製造グループ	立川　洋平	tachikawa youhei	Tachikawa Youhei	
11		第2営業部	金融グループ	大野　恭子	oono kyoko	Oono Kyoko	
12		第2営業部	金融グループ	佐々木　律子	sasaki ritsuko	Sasaki Ritsuko	
13							

●セル【F4】に入力されている数式

=PROPER (E4)
    ❶

❶ 先頭文字を大文字にするローマ字のセル【E4】を指定する。

🏆 POINT　複数のアルファベットの先頭を大文字にする

PROPER関数を使って各単語の先頭文字を大文字にする場合は、単語と単語の間にひとつ以上の空白をあける必要があります。

●UPPER関数（アッパー）
指定したアルファベットを大文字に変換できます。漢字やひらがななどアルファベット以外の文字列は変換されません。

> ●UPPER関数
>
> =UPPER (**文字列**)
>   ❶

❶ 文字列
文字列またはセルを指定します。
※文字列を指定する場合は「"(ダブルクォーテーション)」で囲みます。

●LOWER関数（ロウワー）
指定したアルファベットを小文字に変換できます。漢字やひらがななどアルファベット以外の文字列は変換されません。

> ●LOWER関数
>
> =LOWER (**文字列**)
>   ❶

❶ 文字列
文字列またはセルを指定します。
※文字列を指定する場合は「"(ダブルクォーテーション)」で囲みます。

13 半角のふりがなを表示する

関数 ASC（アスキー）
PHONETIC（フォネティック）

氏名や商品のふりがなを取り出し、さらに半角にして表示する必要がある場合、対象文字列のふりがなを全角文字列で取り出すPHONETIC関数と、全角文字列を半角文字列に変換するASC関数を組み合わせて使います。

●ASC関数

全角英数カタカナの文字列を半角英数カタカナの文字列に変換できます。漢字やひらがななど全角英数カタカナ以外の文字列は変換されません。

$$=ASC（\underset{❶}{文字列}）$$

---

❶文字列
文字列またはセルを指定します。
※文字列を指定する場合は「"（ダブルクォーテーション）」で囲みます。

例1)
セル【A1】に全角で「ＥＸＣＥＬ」と入力されている場合
=ASC（A1） → EXCEL

例2)
全角の「エクセル」を半角にする場合
=ASC（"エクセル"） → ｴｸｾﾙ

●PHONETIC関数

指定したセルのふりがなを表示できます。この関数は「情報関数」に分類されています。

$$=PHONETIC（\underset{❶}{参照}）$$

---

❶参照
ふりがなを取り出すセルまたはセル範囲を指定します。引数に直接文字列を入力することはできません。
※対象文字列のふりがなを全角カタカナで表示します。
※セル範囲を指定したときは、範囲内の文字列のふりがなをすべて結合して表示します。

	A	B	C	D	E	F	G	H
		\multicolumn{2}{l}{=ASC(PHONETIC(C4))}					

D4 ▼ : × ✓ fx =ASC(PHONETIC(C4))

◢	A	B	C	D	E	F	G	H
1		**顧客リスト**						
2								
3		**No.**	**氏名**	**フリガナ（半角）**	**住所1**	**住所2**	**職業**	
4		1001	古谷　俊夫	フルヤ トシオ	渋谷区	千駄ヶ谷1-2-X	学生	
5		1002	奥田　美和	オクダ ミワ	大田区	大森南5-6-X	会社員	
6		1003	栗原　里美	クリハラ サトミ	杉並区	荻窪5-4-X	学生	
7		1004	木田　京子	キダ キョウコ	中野区	弥生町3-4-X	主婦	
8		1005	相田　陽子	アイダ ヨウコ	中野区	中野7-8-X	自営業	
9		1006	佐藤　由美	サトウ ユミ	杉並区	阿佐ヶ谷北1-3-X	会社員	
10		1007	田中　千春	タナカ チハル	渋谷区	恵比寿4-4-X	会社員	
11		1008	大下　澄子	オオシタ スミコ	中野区	東中野5-7-X	学生	
12		1009	栗田　恵子	クリタ ケイコ	杉並区	久我山3-2-X	会社員	
13		1010	石井　研一	イシイ ケンイチ	渋谷区	笹塚3-5-X	会社員	
14		1011	佐伯　久美	サエキ クミ	渋谷区	神南1-2-X	学生	
15								

●セル【D4】に入力されている数式

$$=ASC(\underset{❶}{PHONETIC}(C4))$$

❶氏名からふりがなを取り出すため、PHONETIC関数を入力し、引数に氏名のセル【C4】を指定する。

POINT JIS関数（ジス）

半角英数カタカナの文字列を全角英数カタカナの文字列に変換できます。漢字やひらがな
など半角英数カタカナ以外の文字列は変換されません。

●JIS関数

=JIS (**文字列**)
　　　　❶

---

❶文字列
文字列またはセルを指定します。
※文字列を指定する場合は「"(ダブルクォーテーション)」で囲みます。

例1)
セル【A1】に半角で「EXCEL」と入力されている場合
=JIS(A1) → EXCEL

例2)
半角の「ｴｸｾﾙ」を全角にする場合
=JIS("ｴｸｾﾙ") → エクセル

第10章

データベース関数

1 条件を満たす行から指定した列の数値を合計する

DSUM（ディーサム）

DSUM関数を使うと、複数の条件に一致する行をデータベースから探し出し、指定した列の合計を求めることができます。フィルターモードにしなくても、条件に一致するデータの合計を簡単に求めることができます。

●DSUM関数

=DSUM（データベース, フィールド, 条件）
　　　　　❶　　　　　　❷　　　　❸

❶データベース
検索対象となるセル範囲を指定します。

❷フィールド
計算対象となる列を指定します。列番号または項目名、セルを指定します。
※文字列を指定する場合は「"（ダブルクォーテーション）」で囲みます。
※列番号の場合は❶データベースの左端列から「1」「2」…と数えて指定します。

❸条件
検索条件のセル範囲を項目名を含めて指定します。
※❸条件の項目名は❶データベースの項目名と一致させます。
※❸条件の作成位置は❶データベースとの間に1行以上間隔をとり、上または下に作成します。
※条件にはAND条件とOR条件を指定できます。AND条件を指定する場合は1行内に条件を入力し、OR条件を指定する場合は行を変えて条件を入力します。
※条件にはワイルドカードが使えます。

🎯 POINT　ワイルドカードを使った検索

あいまいな条件を設定する場合、「ワイルドカード」を使って条件を入力できます。

ワイルドカード	意味
?（疑問符）	同じ位置にある任意の1文字
＊（アスタリスク）	同じ位置にある任意の数の文字列

※通常の文字として「?」や「＊」を検索する場合は、「~?」のように「~（チルダ）」を付けます。

使用例 ●

| F21 | ▼ | : | × | ✓ | *fx* | =DSUM(B3:J16,H3,B18:J19) | | | | |

▲	A	B	C	D	E	F	G	H	I	J	K
1		**料理セミナー開催状況**									
2											
3		**No.**	**開催日**	**地区**	**セミナー名**	**受講料**	**定員**	**受講者数**	**受講率**	**売上金額**	
4		1	4月6日(月)	東京	日本料理基礎	¥3,800	20	18	90%	¥68,400	
5		2	4月7日(火)	東京	日本料理応用	¥5,500	20	15	75%	¥82,500	
6		3	4月8日(水)	東京	洋菓子専門	¥3,500	20	14	70%	¥49,000	
7		4	4月9日(木)	大阪	フランス料理基礎	¥4,000	15	15	100%	¥60,000	
8		5	4月10日(金)	東京	イタリア料理基礎	¥3,000	20	20	100%	¥60,000	
9		6	4月11日(土)	東京	イタリア料理応用	¥4,000	20	16	80%	¥64,000	
10		7	4月12日(日)	大阪	フランス料理応用	¥5,000	15	14	93%	¥70,000	
11		8	4月13日(月)	大阪	中華料理基礎	¥3,500	15	7	47%	¥24,500	
12		9	4月14日(火)	福岡	イタリア料理基礎	¥3,000	14	7	50%	¥21,000	
13		10	4月15日(水)	東京	中華料理応用	¥5,000	20	14	70%	¥70,000	
14		11	4月16日(木)	福岡	イタリア料理応用	¥4,000	14	6	43%	¥24,000	
15		12	4月17日(金)	東京	日本料理基礎	¥3,800	20	19	95%	¥72,200	
16		13	4月18日(土)	東京	日本料理応用	¥5,500	20	18	90%	¥99,000	
17											
18		**No.**	**開催日**	**地区**	**セミナー名**	**受講料**	**定員**	**受講者数**	**受講率**	**売上金額**	
19					日本料理基礎						
20											
21			日本料理基礎の受講人数合計			37					

● **セル【F21】に入力されている数式**

```
=DSUM (B3:J16,H3,B18:J19)
        ❶     ❷   ❸
```

❶ 検索対象として、セル範囲**【B3：J16】**を指定する。

❷ 条件に一致するデータの合計を求めるフィールドに項目名**「受講者数」**のセル**【H3】**を指定する。

❸ 検索条件として、セル範囲**【B18：J19】**を指定する。

関数 DAVERAGE（ディーアベレージ）

DAVERAGE関数を使うと、複数の条件に一致する行をデータベースから探し出し、指定した列の平均を求めることができます。フィルターモードにしなくても、条件に一致するデータの平均を簡単に求めることができます。

●DAVERAGE関数

=DAVERAGE (データベース, フィールド, 条件)
      ❶   ❷ ❸

❶データベース
検索対象となるセル範囲を指定します。

❷フィールド
計算対象となる列を指定します。列番号または項目名、セルを指定します。
※文字列を指定する場合は「"（ダブルクォーテーション）」で囲みます。
※列番号の場合は❶データベースの左端列から「1」「2」…と数えて指定します。

❸条件
検索条件のセル範囲を項目名を含めて指定します。
※❸条件の項目名は❶データベースの項目名と一致させます。
※❸条件の作成位置は❶データベースとの間に1行以上間隔をとり、上または下に作成します。
※条件にはAND条件とOR条件を指定できます。AND条件を指定する場合は1行内に条件を入力し、OR条件を指定する場合は行を変えて条件を入力します。
※条件にはワイルドカードが使えます。

POINT ワイルドカードを使った検索

あいまいな条件を設定する場合、「ワイルドカード」を使って条件を入力できます。

ワイルドカード	意味
?（疑問符）	同じ位置にある任意の1文字
*（アスタリスク）	同じ位置にある任意の数の文字列

※通常の文字として「?」や「*」を検索する場合は、「~?」のように「~（チルダ）」を付けます。

使用例 ●

F21		▼	:	×	✓	fx	=DAVERAGE(B3:J16,I3,B18:J19)			

▲	A	B	C	D	E	F	G	H	I	J	K
1		料理セミナー開催状況									
2											
3		No.	開催日	地区	セミナー名	受講料	定員	受講者数	受講率	売上金額	
4		1	4月6日(月)	東京	日本料理基礎	¥3,800	20	18	90%	¥68,400	
5		2	4月7日(火)	東京	日本料理応用	¥5,500	20	15	75%	¥82,500	
6		3	4月8日(水)	東京	洋菓子専門	¥3,500	20	14	70%	¥49,000	
7		4	4月9日(木)	大阪	フランス料理基礎	¥4,000	15	15	100%	¥60,000	
8		5	4月10日(金)	東京	イタリア料理基礎	¥3,000	20	20	100%	¥60,000	
9		6	4月11日(土)	東京	イタリア料理応用	¥4,000	20	16	80%	¥64,000	
10		7	4月12日(日)	大阪	フランス料理応用	¥5,000	15	14	93%	¥70,000	
11		8	4月13日(月)	大阪	中華料理基礎	¥3,500	15	7	47%	¥24,500	
12		9	4月14日(火)	福岡	イタリア料理基礎	¥3,000	14	7	50%	¥21,000	
13		10	4月15日(水)	東京	中華料理応用	¥5,000	20	14	70%	¥70,000	
14		11	4月16日(木)	福岡	イタリア料理応用	¥4,000	14	6	43%	¥24,000	
15		12	4月17日(金)	東京	日本料理基礎	¥3,800	20	19	95%	¥72,200	
16		13	4月18日(土)	東京	日本料理応用	¥5,500	20	18	90%	¥99,000	
17											
18		No.	開催日	地区	セミナー名	受講料	定員	受講者数	受講率	売上金額	
19				大阪							
20											
21		大阪地区の平均受講率				80%					

● セル【F21】に入力されている数式

$$= DAVERAGE\,(\underset{❶}{B3:J16},\underset{❷}{I3},\underset{❸}{B18:J19})$$

❶ 検索対象として、セル範囲【B3：J16】を指定する。

❷ 条件に一致するデータの平均を求めるフィールドに項目名「**受講率**」のセル【I3】を指定する。

❸ 検索条件として、セル範囲【B18：J19】を指定する。

DCOUNTA（ディーカウントエー）

DCOUNTA関数を使うと、条件に一致する行をデータベースから探し出し、指定した列にある空白セル以外のセルの個数を求めることができます。フィルターモードにしなくても、条件に一致するセルの個数を簡単に求めることができます。

●DCOUNTA関数

=DCOUNTA (データベース, フィールド, 条件)
　　　　　　　　❶　　　　　❷　　　　❸

---

❶データベース
検索対象となるセル範囲を指定します。

❷フィールド
計算対象となる列を指定します。列番号または項目名、セルを指定します。
※文字列を指定する場合は「"（ダブルクォーテーション）」で囲みます。
※列番号の場合は❶データベースの左端列から「1」「2」…と数えて指定します。

❸条件
検索条件のセル範囲を項目名を含めて指定します。
※❸条件の項目名は❶データベースの項目名と一致させます。
※❸条件の作成位置は❶データベースとの間に1行以上間隔をとり、上または下に作成します。
※条件にはAND条件とOR条件を指定できます。AND条件を指定する場合は1行内に条件を入力し、OR条件を指定する場合は行を変えて条件を入力します。
※条件にはワイルドカードが使えます。

👆POINT　ワイルドカードを使った検索

あいまいな条件を設定する場合、「ワイルドカード」を使って条件を入力できます。

ワイルドカード	意味
？（疑問符）	同じ位置にある任意の1文字
＊（アスタリスク）	同じ位置にある任意の数の文字列

※通常の文字として「？」や「＊」を検索する場合は、「~？」のように「~（チルダ）」を付けます。

| F21 | ▼ | : | × | ✓ | *fx* | =DCOUNTA(B3:J16,H3,B18:J19) | | | | |

▲	A	B	C	D	E	F	G	H	I	J	K
1		**料理セミナー開催状況**									
2											
3		No.	開催日	地区	セミナー名	受講料	定員	受講者数	受講率	売上金額	
4		1	4月6日(月)	東京	日本料理基礎	¥3,800	20	18	90%	¥68,400	
5		2	4月7日(火)	東京	日本料理応用	¥5,500	20	15	75%	¥82,500	
6		3	4月8日(水)	東京	洋菓子専門	¥3,500	20	14	70%	¥49,000	
7		4	4月9日(木)	大阪	フランス料理基礎	¥4,000	15	15	100%	¥60,000	
8		5	4月10日(金)	東京	イタリア料理基礎	¥3,000	20	20	100%	¥60,000	
9		6	4月11日(土)	東京	イタリア料理応用	¥4,000	20		0%	¥0	中止
10		7	4月12日(日)	大阪	フランス料理応用	¥5,000	15	14	93%	¥70,000	
11		8	4月13日(月)	大阪	中華料理基礎	¥3,500	15	7	47%	¥24,500	
12		9	4月14日(火)	福岡	イタリア料理基礎	¥3,000	14	7	50%	¥21,000	
13		10	4月15日(水)	東京	中華料理応用	¥5,000	20		0%	¥0	中止
14		11	4月16日(木)	福岡	イタリア料理応用	¥4,000	14		0%	¥0	中止
15		12	4月17日(金)	東京	日本料理基礎	¥3,800	20	19	95%	¥72,200	
16		13	4月18日(土)	東京	日本料理応用	¥5,500	20	18	90%	¥99,000	
17											
18		No.	開催日	地区	セミナー名	受講料	定員	受講者数	受講率	売上金額	
19				東京							
20											
21			東京で開催されたセミナー数			6					

● セル【F21】に入力されている数式

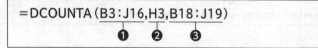

= DCOUNTA (B3:J16,H3,B18:J19)
　　　　　　❶　　　　❷　　　❸

❶検索対象として、セル範囲【B3:J16】を指定する。

❷条件に一致するセルの個数を求めるフィールドに項目名**「受講者数」**のセル
【H3】を指定する。

❸検索条件として、セル範囲【B18:J19】を指定する。

🏆 POINT　DCOUNT関数（ディーカウント）

複数の条件に一致する行をデータベースから探し出し、指定した列にある空白セルや文字列以外のセルの個数を求めることができます。フィルターモードにしなくても、条件に一致するセルの個数を簡単に求めることができます。

●DCOUNT関数

=DCOUNT（データベース, フィールド, 条件）
　　　　　　　❶　　　　　❷　　　❸

---

❶データベース
検索対象となるセル範囲を指定します。

❷フィールド
計算対象となる列を指定します。列番号または項目名、セルを指定します。
※文字列を指定する場合は「"（ダブルクォーテーション）」で囲みます。
※列番号の場合は❶データベースの左端列から「1」「2」…と数えて指定します。

❸条件
検索条件のセル範囲を項目名を含めて指定します。
※❸条件の項目名は❶データベースの項目名と一致させます。
※❸条件の作成位置は❶データベースとの間に1行以上間隔をとり、上または下に作成します。
※条件にはAND条件とOR条件を指定できます。AND条件を指定する場合は1行内に条件を入力し、OR条件を指定する場合は行を変えて条件を入力します。
※条件にはワイルドカードが使えます。

4 条件を満たす行から指定した列のデータを表示する

関数 DGET（ディーゲット）

DGET関数を使うと、複数の条件に完全に一致する行（1行）をデータベースから探し出し、指定した列の値を求めることができます。フィルターモードにしなくても、条件に一致するデータの値を簡単に求めることができます。

●DGET関数

=DGET (データベース, フィールド, 条件)
　　　　　❶　　　　　　❷　　　❸

❶データベース
検索対象となるセル範囲を指定します。

❷フィールド
計算対象となる列を指定します。列番号または項目名、セルを指定します。
※文字列を指定する場合は「"（ダブルクォーテーション）」で囲みます。
※列番号の場合は❶データベースの左端列から「1」「2」…と数えて指定します。

❸条件
検索条件のセル範囲を項目名を含めて指定します。
※❸条件の項目名は❶データベースの項目名と一致させます。
※❸条件の作成位置は❶データベースとの間に1行以上間隔をとり、上または下に作成します。
※条件にはAND条件とOR条件を指定できます。AND条件を指定する場合は1行内に条件を入力し、OR条件を指定する場合は行を変えて条件を入力します。
※条件にはワイルドカードが使えます。

🖐 POINT ワイルドカードを使った検索

あいまいな条件を設定する場合、「ワイルドカード」を使って条件を入力できます。

ワイルドカード	意味
？（疑問符）	同じ位置にある任意の1文字
＊（アスタリスク）	同じ位置にある任意の数の文字列

※通常の文字として「?」や「*」を検索する場合は、「~?」のように「~（チルダ）」を付けます。

条件に一致する行が複数行ある場合は、エラー値「#NUM!」が返されます。条件に一致する行が1行もない場合は、エラー値「#VALUE!」が返されます。

使用例

	A	B	C	D	E	F	G	H	I	J	K
	F21	▼	:	× ✓	fx	=DGET(B3:J16,E3,B18:J19)					
1		料理セミナー開催状況									
2											
3		No.	開催日	地区	セミナー名	受講料	定員	受講者数	受講率	売上金額	
4		1	4月6日(月)	東京	日本料理基礎	¥3,800	20	18	90%	¥68,400	
5		2	4月7日(火)	東京	日本料理応用	¥5,500	20	15	75%	¥82,500	
6		3	4月8日(水)	東京	洋菓子専門	¥3,500	20	14	70%	¥49,000	
7		4	4月9日(木)	大阪	フランス料理基礎	¥4,000	15	15	100%	¥60,000	
8		5	4月10日(金)	東京	イタリア料理基礎	¥3,000	20	20	100%	¥60,000	
9		6	4月11日(土)	東京	イタリア料理応用	¥4,000	20	16	80%	¥64,000	
10		7	4月12日(日)	大阪	フランス料理応用	¥5,000	15	14	93%	¥70,000	
11		8	4月13日(月)	大阪	中華料理基礎	¥3,500	15	7	47%	¥24,500	
12		9	4月14日(火)	福岡	イタリア料理基礎	¥3,000	14	7	50%	¥21,000	
13		10	4月15日(水)	東京	中華料理応用	¥5,000	20	14	70%	¥70,000	
14		11	4月16日(木)	福岡	イタリア料理応用	¥4,000	14	6	43%	¥24,000	
15		12	4月17日(金)	東京	日本料理基礎	¥3,800	20	19	95%	¥72,200	
16		13	4月18日(土)	東京	日本料理応用	¥5,500	20	18	90%	¥99,000	
17											
18		No.	開催日	地区	セミナー名	受講料	定員	受講者数	受講率	売上金額	
19										¥99,000	
20											
21		最高売上金額のセミナー名				日本料理応用					

●セル【F21】に入力されている数式

=DGET (B3:J16,E3,B18:J19)
　　　　❶　　　❷　　　❸

❶検索対象として、セル範囲【B3:J16】を指定する。

❷条件に一致するデータの値を求めるフィールドに項目名「**セミナー名**」のセル【E3】を指定する。

❸検索条件として、セル範囲【B18:J19】を指定する。

第11章

エンジニアリング関数

関数 CONVERT（コンバート）
SQRT（スクエアルート）

CONVERT関数とSQRT関数を組み合わせると、形がわからない面積の単位を変換することができます。形がわからなくても正方形とみなせば、面積の平方根が一辺の長さとなります。この平方根をSQRT関数で求め、長さの単位の変換にはCONVERT関数を利用します。

●CONVERT関数

数値の単位を別の単位に変換したときの換算値を求めます。

＝CONVERT（数値, 変換前単位, 変換後単位）

---

❶数値
数値またはセルを指定します。

❷変換前単位
前後に「"（ダブルクォーテーション）」を付けて、数値の単位を表す記号を入力します。

❸変換後単位
前後に「"（ダブルクォーテーション）」を付けて、変換したい単位を表す記号を入力します。
※❷変換前単位と❸変換後単位は同じ種類（長さや重さなど）の単位を指定します。

例）
ヤード単位をメートル単位の数値に変換する場合
=CONVERT（100,"yd","m"）→ 91.44

●SQRT関数

数値の正の平方根を求めます。平方根とは、2乗すると、もとの数値になる数のことです。この関数は「数学/三角関数」に分類されています。

＝SQRT（数値）

---

❶数値
平方根を求める数値またはセルを指定します。

POINT CONVERT関数とSQRT関数の組み合わせ

$$= CONVERT \left(\underbrace{SQRT（面積単位の数値）}_{数値}, 変換前単位, 変換後単位 \right)\text{^}2$$

SQRT関数を使用して、面積を表す数値を正方形の面積とみなした場合の一辺の長さに換算し、この一辺の長さを変換後の単位に変換します。最後に2乗して面積の単位に戻します。

使用例

E4	▼	:	×	✓	f_x	=CONVERT(SQRT(B4),"in","cm")^2

▲	A	B	C	D	E	F
1	テニスラケットフェーズ面積換算表					
2						
3	シリーズ	面積 (in^2)	一辺の長さ 換算値（in）	一辺の長さ 換算値（cm）	面積 (cm^2)	
4	DINA	100	10	25.4	645.16	
5	YOME	98	9.899494937	25.1	632.2568	
6	YMH	87	9.327379053	23.7	561.2892	
7	KAWA	95	9.746794345	24.8	612.902	
8	KENEX	96	9.797958971	24.9	619.3536	
9						

●セル【E4】に入力されている数式

$$= CONVERT \underset{❶}{(SQRT (B4)}, \underset{❷}{"in"}, \underset{❸}{"cm"}) \underset{❹}{\text{^}2}$$

❶ SQRT関数で面積のセル【B4】の平方根を求め、一辺の長さに換算した値を指定する。

❷ 変換前の単位にインチを表す「in」を「"(ダブルクォーテーション)」で囲んで指定する。

❸ 変換後の単位にセンチメートルを表す「cm」を「"(ダブルクォーテーション)」で囲んで指定する。

❹ 変換した値を面積の単位に戻すため2乗する。

POINT　変換できる単位

CONVERT関数の引数「変換前単位」と「変換後単位」を指定する場合、次の表にある「単位」と「10のべき乗」の記号を組み合わせて指定します。例えば、距離の「メートル」を表す「m」と、「10^{-2}」を表す「c」を組み合わせて「cm（センチメートル）」などと指定します。なお、種類をまたがる変換はできません。

● 単位

種類	単位名	記号
重量	グラム	g
	スラグ	sg
	ポンド	lbm
	u（原子質量単位）	u
	オンス	ozm
距離	メートル	m
	法定マイル	mi
	海里	Nmi
	インチ	in
	フィート	ft
	ヤード	yd
	オングストローム	ang
	パイカ	pica
時間	年	yr
	日	day
	時	hr
	分	mn
	秒	sec
圧力	パスカル	Pa
	気圧	atm
	ミリメートル Hg	mmHg
物理的な力	ニュートン	N
	ダイン	dyn
	ポンドフォース	lbf

種類	単位名	記号
エネルギー	ジュール	J
	エルグ	e
	カロリー（物理化学熱量）	c
	カロリー（生理学的代謝熱量）	cal
	電子ボルト	eV
	馬力時	HPh
	ワット時	Wh
	フィートポンド	flb
	BTU（英国熱量単位）	BTU
出力	馬力	HP
	ワット	W
磁力	テスラ	T
	ガウス	ga
温度	摂氏	C
	華氏	F
	絶対温度	K
容積	ティースプーン	tsp
	テーブルスプーン	tbs
	オンス	oz
	カップ	cup
	パイント（米）	pt
	パイント（英）	uk_pt
	クォート	qt
	ガロン	gal
	リットル	l

●10のべき乗

接頭語	読み	べき乗	記号
exa	エクサ	10^{18}	E
peta	ペタ	10^{15}	P
tera	テラ	10^{12}	T
giga	ギガ	10^{9}	G
mega	メガ	10^{6}	M
kilo	キロ	10^{3}	k
hecto	ヘクト	10^{2}	h
deka	デカ	10^{1}	e

接頭語	読み	べき乗	記号
deci	デシ	10^{-1}	d
centi	センチ	10^{-2}	c
milli	ミリ	10^{-3}	m
micro	マイクロ	10^{-6}	u
nano	ナノ	10^{-9}	n
piko	ピコ	10^{-12}	p
femto	フェムト	10^{-15}	f
atto	アト	10^{-18}	a

GESTEP（ジーイーステップ）
PRODUCT（プロダクト）
SUM（サム）

GESTEP関数を使うと、数値が基準値以上であるかどうかを判定できます。
基準値以上なら「1」、基準値に満たない場合は「0」を表示します。
成績が基準点に達しているかどうかで合否を決めるときに役立ちます。例
えば、3科目の試験の合否をGESTEP関数で求め、全科目で合格しているか
どうかの判定にPRODUCT関数を利用し、合格人数をSUM関数で求めるこ
とができます。

●GESTEP関数

数値が基準値以上であるかどうかを判定できます。

＝GESTEP（<u>数値</u>, <u>しきい値</u>）
　　　　　　　❶　　　❷

---

❶数値
数値またはセルを指定します。
❷しきい値
判定の分かれ目となる数値またはセルを指定します。
※省略できます。省略すると「0」を指定したことになります。

● PRODUCT関数

指定した範囲の数値を掛けた結果（積）を求めます。この関数は「数学/三角関数」に分類されています。

＝PRODUCT（数値1, 数値2, ・・・）

❶ 数値

積を求めるセル範囲または数値、セルを指定します。

※引数は最大255個まで指定できます。

※範囲内の文字列や空白セルは計算の対象になりません。

● SUM関数

指定した範囲の数値の合計を求めます。この関数は「数学/三角関数」に分類されています。

＝SUM（数値1, 数値2, ・・・）

❶ 数値

合計を求めるセル範囲または数値を指定します。

※引数は最大255個まで指定できます。

※範囲内の文字列や空白セルは計算の対象になりません。

f_x | =SUM(I8:I157)

| F8 | ▼ | : | × | ✓ | f_x | =GESTEP(B8,B$4) |

▲	A	B	C	D	E	F	G	H	I	J
1	成績データ分析									
2		合格基準点				科目別合格点以上の人数			全科目	
3		国語	数学	英語		国語	数学	英語	合格者数	
4		60	50	65		87	88	59	17	
5										
6	生徒No.	成績データ				合格点以上の判定			全科目	
7		国語	数学	英語		国語	数学	英語	合格判定	
8	1	70	90	80		1	1	1	1	
9	2	70	48	94		1	0	1	0	
10	3	33	64	76		0	1	1	0	
11	4	69	84	19		1				
12	5	42	24	92		0				
13	6	33	62	60		0				
14	7	88	97	11		1	1	0	0	
15	8	80	90	28		1	1	0	0	
16	9	56	62	88		0	1	1	0	
17	10	81	24	15		1	0	0	0	
18	11	70	92	78		1	1	1	1	
19	12	72	55	15		1	1	0	0	
20	13	63	74	85		1	1	1	1	
21	14	83	44	76		1	0	1	0	
150	143	40	15	39		0	0	0	0	
151	144	61	29	100		1	0	1	0	
152	145	83	46	77		1	0	1	0	
153	146	61	96	46		1	1	0	0	
154	147	48	34	54		0	0	0	0	
155	148	36	36	51		0	0	0	0	
156	149	50	79	22		0	1	0	0	
157	150	56	10	96		0	0	1	0	
158										

f_x | =PRODUCT(F8:H8)

●セル【F8】に入力されている数式

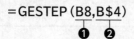

= GESTEP (B8,B$4)
     ❶   ❷

❶数値に国語の成績のセル【B8】を指定する。

❷しきい値に国語の合格基準点のセル【B4】を指定する。

※数式をコピーするため、行だけを固定する複合参照で指定します。

※合格基準点以上の場合は「1」が表示されます。

●セル【I8】に入力されている数式

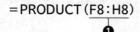

= PRODUCT (F8 : H8)
         ❶

❶各教科の合格点以上を判定したセル【F8：H8】を指定する。

※合格基準点以上のセルには「1」が表示されているので、すべて合格している場合は、計算結果が「1」になります。

●セル【I4】に入力されている数式

= SUM (I8 : I157)
       ❶

❶全科目合格判定のセル範囲【I8：I157】を指定する。

※全科目合格の場合は、セルに「1」が表示されているため、合計すると全科目合格者数を求めることができます。

3 2つの数値データが完全に一致しているかどうかを調べる

関数 **DELTA（デルタ）**

DELTA関数を使うと、2つの数値を比較して等しいかどうかを判定できます。等しい場合は「1」、等しくない場合は「0」を表示します。例えば、正確さが最重視されるデータ入力では、同じデータを2人で入力して、その入力データを突き合わせてチェックすることがあります。この突き合わせにDELTA関数を利用すると、判定で「0」になった部分を修正すれば、効率よくデータを作成することができます。

●DELTA関数

$$= DELTA（数値1, 数値2）$$
❶ ❷

---

❶数値1
数値またはセルを指定します。
❷数値2
数値1と比較する数値またはセルを指定します。
※省略できます。省略すると「0」を指定したことになります。

例）
解答と正解の正誤判定をする場合

C3	▼ : × ✓	f_x	=DELTA(A3,B3)	

	A	B	C	D	E
1	**正誤判定**				
2	解答	正解	正誤判定		
3	12	15	0		
4	123	123	1		
5	15	18	0		
6	-18	-18	1		
7					

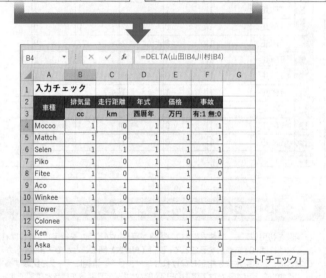

シート「山田」

	A	B	C	D	
1	中古車データ入力			入力者	山田
2	車種	排気量	走行距離	年式	価格	事故
3		cc	km	西暦年	万円	有:1 無:0
4	Mocoo	660	3,500	2003	183	1
5	Mattch	1,000	2,000	2017	173.5	0
6	Selen	1,800	2,500	2015	222.6	0
7	Piko	1,300	4,200	2008	296	0
8	Fitee	1,400	4,100	2010	215.5	1
9	Aco	2,000	3,500	2015	158.5	1
10	Winkee	1,500	500	2019	220.3	0
11	Flower	660	3,500	2011	102	0
12	Colonee	1,600	9,500	1999	58.3	1
13	Ken	1,300	1,900	2018	52.5	0
14	Aska	1,600	15,000	1996	36.5	0
15						

シート「川村」

	A	B	C	D	
1	中古車データ入力			入力者	川村
2	車種	排気量	走行距離	年式	価格	事故
3		cc	km	西暦年	万円	有:1 無:0
4	Mocoo	660	1,000	2003	183	1
5	Mattch	1,000	3,500	2017	173.5	0
6	Selen	1,800	2,500	2015	222.6	0
7	Piko	1,300	550	2008	293	1
8	Fitee	1,400	850	2010	215.5	0
9	Aco	2,000	3,500	2015	158.5	1
10	Winkee	1,500	8,600	2019	2203	0
11	Flower	660	3,500	2011	102	0
12	Colone	1,600	9,500	1999	58.3	1
13	Ken	1,300	11,000	2015	52.5	0
14	Aska	1,600	20,000	1996	36.5	0
15						

第11章

B4　▼　：　✕　✓　fx　=DELTA(山田!B4,川村!B4)

	A	B	C	D	E	F	G
1	入力チェック						
2	車種	排気量	走行距離	年式	価格	事故	
3		cc	km	西暦年	万円	有:1 無:0	
4	Mocoo	1	0	1	1	1	
5	Mattch	1	0	1	1	1	
6	Selen	1	0	1	1	1	
7	Piko	1	0	1	0	0	
8	Fitee	1	0	1	1	0	
9	Aco	1	1	1	1	1	
10	Winkee	1	0	1	0	1	
11	Flower	1	1	1	1	1	
12	Colonee	1	1	1	1	1	
13	Ken	1	0	0	1	1	
14	Aska	1	0	1	1	0	
15							

シート「チェック」

●シート「チェック」のセル【B4】に入力されている数式

$$=DELTA(\underset{❶}{山田!B4},\ \underset{❷}{川村!B4})$$

❶数値にシート「**山田**」のセル【**B4**】を指定する。

※別シートを参照する場合は「シート名!セルまたはセル参照」で指定します。

❷比較する数値にシート「**川村**」のセル【**B4**】を指定する。

※別シートを参照する場合は「シート名!セルまたはセル参照」で指定します。

2つの文字列を比較する場合は、EXACT関数を使います。
※EXACT関数についてはP.214を参照してください。

A4		× ✓ fx	=EXACT(山田!A4,川村!A4)			
	A	B	C	D	E	F	G

	A	B	C	D	E	F	G
1	**入力チェック**						
2	車種	排気量	走行距離	年式	価格	事故	
3		cc	km	西暦年	万円	有:1 無:0	
4	TRUE	1	0	1	1	1	
5	TRUE	1	0	1	1	1	
6	TRUE	1	1	1	1	1	
7	TRUE	1	0	1	0	0	
8	TRUE	1	0	1	1	0	
9	TRUE	1	1	1	1	1	
10	TRUE	1	0	1	0	1	
11	TRUE	1	0	1	1	1	
12	FALSE	1	1	1	1	1	
13	TRUE	1	0	0	1	1	
14	TRUE	1	0	1	1	0	
15							

POINT IF関数とDELTA関数

IF関数を利用しても、条件式に2つの数値が等しいかどうかを指定し、等しければ「1」、等しくなければ「0」を表示することで、DELTA関数と同じことができます。しかし、IF関数の場合は、必ず条件式を指定しなければなりません。単純にデータを比較する場合は、比較するセルを指定するだけで済むDELTA関数やEXACT関数を使うと便利です。

索引

Index

索引

索引

よくわかる
仕事に使える Microsoft® Excel® 関数ブック
2019/2016/2013 対応
（FPT2001）

2020年 5 月 4 日　初版発行
2024年 4 月16日　第 2 版第 7 刷発行

著作／制作：富士通エフ・オー・エム株式会社

発行者：山下　秀二

発行所：FOM出版（富士通エフ・オー・エム株式会社）
　　　　〒212-0014　神奈川県川崎市幸区大宮町１番地５ JR川崎タワー
　　　　　　　　　　株式会社富士通ラーニングメディア内
　　　　https://www.fom.fujitsu.com/goods/

印刷／製本：アベイズム株式会社

表紙デザインシステム：株式会社アイロン・ママ